Johann George Scheffner

Natürlichkeiten der sinnlichen und empfindsamen Liebe

Band 2

Johann George Scheffner

Natürlichkeiten der sinnlichen und empfindsamen Liebe
Band 2

ISBN/EAN: 9783743604148

Hergestellt in Europa, USA, Kanada, Australien, Japan

Cover: Foto ©berggeist007 / pixelio.de

Weitere Bücher finden Sie auf **www.hansebooks.com**

Natürlichkeiten

der

sinnlichen und empfindsamen Liebe

vom

Freyherrn Fr. Wilh. v. d. G.

Zweites Bändchen
1798.

Natürlichkeiten

der

sinnlichen und empfindsamen Liebe.

Zweites Bändchen.

Vorbericht.

Von diesen Gedichten sind zu ihrer Zeit nur drei Abdrücke gemacht worden. Wie ich zum Besitz eines von diesen dreien gekommen, ist zum Erzählen zu uninteressant, genug es ist dabei ganz ehrlich zugegangen; und da ihr Verfasser sich schon längst zu seinen Ahnen versammelt hat, so darf es keinen befremden, daſs ich mich auf eignen Beruf mit ihrer Ausgabe befasse.

Daſs sie mit den Gedichten im Geschmack des Grecourt Eines Geistes Kinder sind, erhellet deutlich so wohl aus der Correspondenz ihres Verfassers mit dem Herrn Hofrath Wieland, die man nach den Originalen des letztern und den Concepten des erstern hinter dem 3. Bändchen finden wird, als aus den kritischen Noten, deren in einem Briefe Erwähnung geschieht, und die nebst allem, womit diese neue Ausgabe vermehrt ist, in eben dem Päckchen lagen. Hätt' ich indessen diese Papiere nicht in die Hände bekommen, kaum wär' es mir glaublich geworden, daſs jene und diese Gedichte aus Einem Kopfe geflossen.

Zufolge der Aeuſserung des höchst kunstgerechten Wielands: daſs sich über diese Gedichte und Verse dem Autor manches Süſse und Saure sagen lieſse, hab' ich mit Zuhülfnahme der oberwähnten Noten nach bestem Wissen und Gewissen die sauren Beeren abzulesen gesucht: es werden indessen der Herlinge gewiſs noch genug übrig geblieben sein, manches Lesers Zähne stumpf zu machen; möchten sie nur nicht zugleich die sauren Säfte mancher Kunstrichter schärfen, die, oft selbst geschmacklos, andern sogar die Schmecklust zu benehmen suchen.

Zuschrift an Doris.

Da hast Du, was ich sang in Tagen,
Als oft sich unter meine Klagen
Der Freude sanfter Silberton
Gemischt; als manches Tages Sonne
Des Abendwandelns süße Wonne
Vergessen lehrte, und zum Lohn
Für lange Trau'r oft Eine Stunde,
In der ich ganz mein Glück genoß,
Und küssend Dir vom Rosenmunde
Manch süßes Wörtchen tändelnd floß,
Bezaubernden Ersatz enthielte.

Ich sang bloß, was die Seele fühlte,
Und mir Dein Athem eingehaucht.
Beim Blick auf Deinen keuschen Busen,
Beim Anschaun Deines Augs, getaucht
In Sonnenglanz, war keiner Musen

Erscheinung, und beim warmen Kuß
Auf Deine Wangen, naß von Thränen,
Kein kalter Trunk aus Hippokrenen
Dem Geiste nöthig. Zärtlich klang
Mein Lied, zu Deinem Herzen drang,
Was ich aus liebevollem Herzen
Von Hoffnung, Freude, Gram und Schmerzen
Der Zärtlichkeit dir, meiner Laura, sang.

Ach Doris, schnell entflohn die Tage,
Wo sich vertraut die süße Klage
Mit Lust schuldloser Zärtlichkeit
Vermischte. Oede Dunkelheit
Umwölkt den trägen Flug der Zeit;
Und glänzt in uns gleich warme Liebe,
So bleibt rund um doch alles trübe,
Und milde Hoffnung auf Gewinn
Und Sonnentage welkt dahin —
Doch sterben soll sie nicht, so lange
In Deinem Busen Liebe glüht,
Und der Empfindung Roth die Wange
Dir färbt, so oft Dein Auge sicht,
Wie Liebe ganz zu Dir mich zieht,
Wie mir im Aug' die Thräne zittert,
Wenn die Idee: Sie ist nicht mehr ganz
      dein,
Mein Herz bis auf den Grund erschüttert.

Noch, Doris, bist Du ganz, ganz mein,
Und Mund und Feder sprach allein:
Leb' wohl. Noch bin ich Deinem Herzen,
Was Du mir warst, und bleibst — und Schmer-
    zen,
Die sprachloslauf um Rettung flehten,
Erlaubten Dir nicht mich zu fliehn,
Und Dein Gefühl für mich zu tödten.
    Nie laſs uns Lieb' und Hoffnung tödten.
Entziehn Gewitter nicht dem Thal
Sehr oft der Sonne Mittagsstrahl?
Doch eh' von ihrem Abendstrahl
Die Gipfel des Gebirgs erröthen,
Schweigt das Gewitter, und Gesang
Fei'rt lieblich ihren Untergang. —
    Als wir noch embryonisch ruhten,
Schuf schon der Urquell alles Guten
Den Hang, der sanft und angenehm
Zu Zärtlichkeit und Tugend leitet,
In unser Herz, und weh, weh dem,
Der wider Himmelswinke streitet,
Und Liebesgluth, der Tugend Frucht,
Vertilgt! Zu schüchtern wird die Flucht
Vor solcher Zärtlichkeit auch Flucht
Von Tugend, und vergebens sucht
Sie oft ein Herz, das unbegleitet

Von Amors Grazien sie sucht,
Und wenn's sie findt, des Bundes Werth verkennt,
Und Lieb' und Grazien von Tugend trennt.

O laſs uns lieben, laſs uns lieben,
Und muthig in dem Kampf uns üben,
Der den, der siegreich ihn beschlieſst,
Lehrt, daſs der Schmerz der Liebe Wollust ist.

Lies, Doris, lies die kleinen Lieder
Auch heut, die ich nur Dir gespielt;
Und wecken sie in Dir dann wieder,
Was Du bei ihnen einst gefühlt,
Und fängt Dein Busen an zu wallen,
Dann laſs auf sie ein Thränchen fallen
Für Deinen Lieblingsfreund, der heut
Vielleicht in stummer Einsamkeit
Den Festtag fei'rt, der jenen Namen führet,
Von dem der Schall mein Herz schon rühret,
Den Namen DORIS, und Dich frägt:
Ob auch Dein Herz für den ganz schlägt
Und ewig schlagen wird, der Dir zu Füſsen,
Zu tausendmal geküſsten Füſsen,
Mit Segnungen und geist'gen Küssen
Dieſs Bändchen Herzenssprache legt?

I.

Antwort

auf Doris Frage:

Was ist meins für ein Herz?

Ein Herz, das, als der Priester kam,
Zu zärtlichem Gefühl liturgisch es zu segnen,
Den allerweitsten Umweg nahm,
Um nicht der kirchlichen Jafrage zu begegnen:
Doch ob es gleich vom Teppich lief,
Und tief tief tief
Auf beiden Ohren schlief,
Als Hymen es zu seinem Dienst berief,
So fing es sich dennoch in Amors Rosenkette;
Und wenn das Rosenband nur fest gehalten hätte,
So hätt' es himmlisch schön beglückt,
Von dem Guirlandenduft entzückt
Und Amors Armen fest umwunden,
Auch trotz der Liturgie sein Glück gefunden.

Allein Gott Hymen, der es ungern sieht,
Wenn ihm in seine Meisterrechte
Der kleinste Eingriff nur geschieht,
Und der den Amor gern um alle Freuden brächte,
Sah dieses Herzens Zärtlichkeit
Mit Mifsgunst seinem Nebengott geweiht,
Zerstückte voller Zorn die Blumenketten,
Und rifs den Blätterschmuck von allen Röschen ab;
Die Blätter fanden ihr bethräntes Grab;
Und um von Amors Kranz zum mindsten was zu retten,
So sammelte diefs weich geschaffne Herz
Die Rosendörnchen auf, und liebt noch jetzt den Schmerz
Der kleinen Dornenstiche
Mehr als ein Blumenbeet und alle Lenzgerüche,
Weil's ihren Schmerz doch nie ohn' die Idee empfindt,
Dafs diese Dörnerchen von Amors Rosen sind.

II.

Auf Dich ein Grabeslied — — —
Und wenn ich Witz wie Lessing hätte,
So könnt' ich nicht ein Todtenlied
Auf Dich bei deinem Leben singen.
Wie schlecht würd' nicht der Kunst, so lang' sie
                   Augen sieht,
In denen so viel Geist und Leben glüht,
Bei deren Blick mit raschen Schwingen
Aus aller Brust der Wunsch zu sterben flieht,
Und Lebenswünsche sich verjüngen,
Selbst wenn ein Trau'rgewölk sich vor ihr Stern-
                   licht zieht;
Gewiſs, so lang' man solche Augen sieht,
Kann nicht der Kunst ein Todtenlied gelingen.
Vom Tode läſst sich nicht bei Lebensquellen sin-
                   gen.
    Doch mir sing' ich ein Grabgedicht,
Wenn aus den schönen Augen nicht
Ein Herz für mich voll Freundschaft spricht.

III.

Die Veilchen, die ich jüngst aus deiner Hand
    erhielte,
Die Nelke, die im Sonnenschein der Lust,
Gepflanzt an die verflorte Brust,
Ganz aufgeblüht, als sie ihr Wallen fühlte,
Da liegen sie verdorrt, reizlos dem Blick,
Der seinen Lenz und all sein Glück
In deinen Augen sucht: nur heil'ge Reste
Mir, dem der Tag, da ich Dich seh', zum Feste
Werth aller Herzensandacht wird.

    Doch wie der Veilchen Schmuck verblühet,
Die Nelke ihren Duft verliert,
So schnell — und schneller noch entfliehet
Dem Herzen, das nur Doris rührt,
Der Freude Keim, wenn es vergebens
In Ihr das schönste Glück des Lebens
Sich sucht, und alle Hoffnung stirbt bei dem Ver-
    dacht,
Der ihr mein Herz zweideutig macht —

Beim Geist, der aus den schönsten Augen lacht,
Bei jeder Grazie, die Dich umschmücket,
Betheur' ich Dir, daſs nichts mein Herz entzücket,
Als die Idee dein Herzensfreund zu sein;
Und weh mir, wenn ich je nur dächte,
Dein Herz durch ein Gelübde zu entweihn,
Das ich nicht Dir allein nur brächte!

Sehr lieb' ich nicht die Welt, und ohne allen
Werth
Ist mir der schnelle Lauf vielleicht nur kurzer
Tage,
Wenn sich dein Herz gar wider mich erklärt,
Und wenn es meine Klage
Bei dem Gedanken Dich nicht mehr zu sehn
Für Schmeicheleien hält, die, falsch und schön,
Nur der Empfindung Maske tragen.

Nie, wahrlich, dacht' ich es, Dich nicht im
Ernst zu fragen,
Ob auch dein Herz den Keim der Liebe pflegt,
Den die Natur ihm eingelegt,
Und ob es gleichgestimmt mit meinem Herzen
schlägt;
Möcht' nur mit gleichem Ernst stets Ja das deine
sagen!

IV.

Wohl dem, den deine Seele liebt!
Denn gerne einsam und betrübt
Ist nur ein Herz, das zärtlich liebt,
Und ganz die Liebe wieder giebt.
Auch selbst wenn es ganz glücklich liebt,
Stärkt stiller Schicksalskummer,
Wie leichter Morgenschlummer
Nach durchgeweinter Nacht, das Herz.

Nie war die Liebe ohne Schmerz
Und tödtlich ist ihr ew'ge Freude.
Die Rose, die im zarten Blätterkleide
Den Vorrang sich im Blumenreich erwirbt
Lacht thaubenetzt den Sonnenblicken;
Doch ohne Thau bei steten Sonnenblicken
Erblafst sie, welkt und stirbt.
Stets milde Heiterkeit verdirbt

Das menschliche Gefühl, und überspannt die Saiten
Des Herzens bis zum Haſs der Dunkelheiten,
Die übern Horizont sich breiten,
Und die ein Herz, das nicht die Schwermuth flieht,
Gern, wie der Wanderer die Schattenlaube, sieht.

Dem milden Frühlingsregen
Verdankt der Erde Schooſs den Segen;
Der Bach, der durch die Flur geschlängelt flieſst,
Giebt neuen Reiz dem Lenzgefilde:
Die Thräne, wenn sie sanft und milde,
Tief aus dem Herzen sich ergieſst,
Ist mehr als Bach und Frühlingsregen,
Und wird, wenn sie auf Doris Busen fällt,
Zu Balsam, der den Herzensschlägen
Mehr Ruhe giebt, als aller Trost der Welt.

Von meiner Traurigkeit und meinem Haſs der Welt
Durch keine Eitelkeit entledigt,
Wird mein empfindungsvolles Herz
Durch mildes Trauern himmelwärts
Hinauf gezogen und entschädigt.

Wenn deine Seele jetzt, mit meiner gleichge-
stimmt,
In gleicher sanfter Wehmuth schwimmt,
Dann dürfen Worte Dir diefs Ziel nicht sagen,
Zu dem mich meine Wünsche tragen;
Dann, Doris, bist Du so betrübt,
Wie der, der Dich unendlich liebt.

V.

V.

Mailied.

Viel heitrer, als heut' die Natur
　　Den ersten Maitag fei'rt,
Fei'rt ihn mein Herz, das heute Dir,
　　Ganz dein zu sein, betheu'rt.

Es ist mit Wolken ihm die Stirn
　　Beflort, und kühle Luft
Macht Zephyrs rasche Flügel schwer,
　　Und schwächt den Blumenduft:

Allein mein Aug' ist hell und klar.
　　Mein Herz wallt frühlingswarm,
Und sieht in Dir den Frühling blühn,
　　Den Grazien am Arm;

Und wünscht der Liebe Himmelsglanz,
　　Den keine Sorge trübt,

Dem Aug', das nicht mit Blicken bloſs
　　Zu spielen sich geübt.

O Doris, täusch' die Sehnsucht nicht,
　　Von der das Herz gereizt
Nach deinem Kuſs mehr als die Flur
　　Nach Sonn' und Regen geizt.

VI.

Da sitz' ich nun verwaist und weine,
Und wünsch' nur Einen Strahl von jenem Glück,
In dessen süfsem mildem Scheine
Die Freude grünt, vergebens mir zurück.
Mein Herz zerfliefst in sanfter Trauer,
Und fühlt der Liebe heil'gen Schauer
Bei dem Gedanken: Ganz ist Doris mein,
Sie hat mich, an ihr Herz gedrücket,
Durch ein: ich liebe Dich entzücket:
Nun bin ich nicht mehr traurig, nicht allein,
Ihr Geist rauscht über mir, und unsre Seelen
     sagen
Sich zärtlicher und mehr vertraut,
Wie warm jetzt unsre Herzen schlagen.

 Heifs schlug das meine längst, und schlägt
     auch jetzt so laut,
Hör', Doris, wie es schlägt! — Und doch ist
     sein Verlangen

Nicht liebetödtender Genuſs,
Dem, wenn der Wollust Rausch vergangen,
Reu' oder Leichtsinn folgt; sein glühendes Ver-
  langen
Ist nur Ein Blick, Ein Händedruck, Ein Kuſs,
Und deine Seele ganz.

VII.

Rhapsodie.

Tief unter mir ein Thal, das nicht Ein Blümchen schmückt;
Hoch über mir Gewölke, die mit Wettern drohen;
In mir ein Herz, aus dem die Ruh entflohen
Seitdem es in dein Herz geblickt;
In welche Einsamkeit versunken!
Von allen allen Freudefunken,
Die die Natur im Mai versprüht,
Will keiner zünden in der Seele,
Für die kein Liebes-Frühling blüht,
Für die vergebens Philomele
Die Freude singt, die ihr im Herzen glüht.

Bei jedem Athemzug von neuem Schmerz zerrissen,
Wünscht nur das Herz den letzten Athemzug.
Wohl dem, dem nie der Busen fühlbar schlug,
Den, ohne je in einer Doris Küssen

Die Süfsigkeit der Unschuld zu geniefsen,
Sein Schicksal früh in ew'ge Welten trug,
Der ohne von dem Glück zu wissen,
Das oft Ein Dorisblick in Menschenseelen giefst,
Sein Herz der Liebe ganz verschliefst,
Und die Idee entflohner schöner Tage,
Als reiche Quelle einer ew'gen Klage,
Nicht immer tief im Herzen trägt!

Mein Herz, das nur für Doris schlägt,
Täuscht nicht der Sonnenblick, der sonst dem
Stutzer lächelt,
Wenn, durch sein künstlich Flehn bewegt,
Die Schöne sich die Wangen fächelt,
Und Liebe mehr im Blut als wie im Geist sich regt!
Wenn um die goldne Wollustschale
Die Jugendgöttinn Rosen kränzt,
Und unbemerkt im schatt'gen Veilchenthale
Ein Giefsbach durchs Gesträuche glänzt,
Weg mit der rosumkränzten Schale,
Die ausgeleert beim schwelgerischen Mahle
Den Seelendurst mehr reizt als stillt,
Aus der, von Hebens Hand nicht stets frisch
aufgefüllt,
Der Wein so schnell versiegt, statt dafs des Giefs-
bachs Wellen,

Je weiter er durch die Gefilde irrt,
In den umblümten Ufern schwellen,
Bis er zum grofsen Strome wird.

Der Wunsch unheil'ger Gluth, die andre
Küsse fodert,
Als Küsse, die dein Herz mehr als dein Mund mir
gab,
Ist sie in mir je aufgelodert?
Ich pflückte nur ein Röschen ab,
Das sanft von mir gepflegt, mit Thau begossen,
Für mich den Busen dankbar aufgeschlossen —
Vielleicht wär's ohne mich nicht aufgeblüht,
Vielleicht hätt' es, dem Sonnenstrahl zu offen,
Zu stark ihr goldner Glanz getroffen,
Statt dafs es mir, an deine Brust gesteckt,
Gedanken himmelvoll erweckt.

Ach Doris, wird es mir da ewig blühen?
Wenn Kummerwölkchen deine Stirn umziehen,
Wie gerne liefs ich nicht
Auch meine Thränen auf diefs Röschen fallen,
Und sähe dann im Graziengesicht
Die Seele sympathetisch wallen,
Und in der Augen Himmelslicht
Das zärtlichste: Ich liebe Dich!

Ein stiller Kummer,
Der tiefer als die schärfste Marter dringt,
Zerfleischt mein Herz, und keiner Hoffnung
Schlummer
Verspricht ihm Trost, Mißmuth erzwingt
Vom Mund ein Lächeln, das des Herzens Saiten
Mit keinem frohen Ton begleiten.

Schön ist der Mai, voll Reiz der Nachtigallen Lied,
Süß ist die schöne Welt, sanft sind des Zephyrs
Spiele
Dem, der an eines Mädchens Hand sie fühlt,
Die das empfindt, was ich für Doris fühle:
Kalt ist der Mai, verstimmt der Nachtigallen Lied,
Voll Bitterkeit die Welt, und rauh des Zephyrs
Spiele
Dem, der rund um sich her den Leib des Frühlings sieht,
Und nicht den Blick von der genießt,
Die ihm der wahre Geist des Frühlings ist!

Ach, warum flohst Du doch so eilig
Den Arm, dem, wenn er an mein Herz Dich
schließt,

Dein zärtliches Erröthen heilig
Und heilig jeder Kuſs wie ein Gelübde ist?

    Komm, wenn dein Aug' verweint, die Wange
                          bleich und warm
Sich abgesorgt, und alle Welt zu arm
Dich zu beruh'gen ist, wenn alle Wünsche trügen;
Dann komm, Dich an dies Herz zu schmiegen,
Und finde Trost in diesem Arm.

VIII.

Die Sehnsucht.

Da, wo ich um ihr ganzes Herz Sie bat;
Da, wo ihr Fuſs auf abgefallne Blüthen trat;
Da, wo der West in Lindenzweigen wühlte,
Mit ihrem Blumenstrauſs und braunen Locken
     spielte,
Und ihre Rosenwangen kühlte;
Da, wo ich einst mit Ihr den grünen Gang durch-
     lief;
Da, wo ein Händedruck zuerst mir zärtlich sagte,
Wie sanft ihr Herz mein Herz beklagte,
Und Himmelstrost in meine Seele rief;
Da, wo der Strom in grünen Ufern schleichet,
Der Nachtigall Gesang von Hügeln wiederhallt,
Wo ich ihr übern Steig die Hand gereichet,
Und wo mein Herz an ihrem Arm gewallt;
Da such' ich ich, ich, der sein Lebensglücke.

Nur nach der Zeiten Dauer maſs,
Als ich einst neben Ihr im Schooſs des Glückes
    saſs,
Ich, der bei einem liebevollen Blicke
So gern die ganze Welt vergaſs,
Da such' ich Sie, und Aug' und Wünsche irren
Nach Ihr umher, und finden nichts,
Und seufzen, voll des Traumgesichts
Vom Glück vergangner Zeit, nach einem Strahl
    des Lichts
Aus ihrem Aug', und finden — — nichts.

Ach Doris, Doris, irren
Auch deine Wünsche so nach mir umher?
Klopft auch dein Herz, von mir entfernt so
    schwer,
Und wünscht mit unschuldvollen Tändeleien
Die Kummernebel zu zerstreuen,
Vor deren grauem Flor sich Liebesgötter scheuen?

Ach ja, ja, Doris liebt wie ich,
Wünscht in der Einsamkeit nur mich,
Und beim Spaziergang schweben
Ideen von elysisch heiterm Leben
Voll Liebe und Vertraun um sie.
Ihr Herz und'meins ganz Harmonie.

Wär' glücklich! dann wär' unser Leben
Ganz Ruhe, ganz ein ew'ger Mai —
Und Zärtlichkeit und süfse Schwärmerei
Würd' es mit Blumen bunt durchweben;
Mein Herz würd' blofs von ihren Herzensschlägen
      leben,
Und, wenn die stille stehn,
Sehr gern mit ihr zugleich in befsre Welten
      zehn.

IX.

Der Donner, der die schwüle Luft
Gekühlt, schweigt jetzt, und Philomele ruft
Mit himmlisch zärtlichen Gesängen
Das klopfende furchtsame Herz
Zur reinsten Freude. Abendwärts
Strahlt zwischen dunkel überlaubten Gängen
Der Sonnenpurpur über alle Frühlingsflur,
Und reizender scheint die Natur
Nach ausgeleerten Wolkengüssen,
Nach ausgebranntem Wetterstrahl —

   Wird einst auch unser Herz nach überstand-
            ner Qual
Der Liebe Himmelsruh so sanft geniefsen?
Gern liefs' ich dann die Thränen fliefsen,
Und schwarz sich meinen Horizont beziehn —

Sturm, der Gewitter aufwärts wehet,
Zerreifst, wenn er die Schwingen drehet,

Auch Wolken, die schon voll Gewitter glühn.
Ach Doris, wird der Sturm, der um uns wüthet,
Die Wolken brechen? den Gewitterschlag
Von uns entfernen? einen Frühlingstag,
Der allen vor'gen Schmerz vergütet,
Uns wiederbringen? — Hoffnung, die zu dreist
Das Herz mit Hafenruh erheitert,
Wirkt Sicherheit und Schlaf, und scheitert
Da, wo die Furcht den Späherblick erweitert
Und oft den sichern Weg durch Labyrinthe
weist.
Verzweiflung greift den Stahl da, wo er scharf ist,
an,
Färbt unbedächtig ihn mit eignem Blute,
Und wirft die Waffen weg, wo noch bei ächtem
Muthe
Das Herz den Sieg erstreiten kann.

Nicht zu verzweifeln, nicht zu kühn zu
hoffen,
Heischt Weisheit — und die Liebe hält
Die mütterlichen Arme offen,
Und jedes Schicksal, das bei ihr uns überfällt,
Giebt dem Gemäld der Zeiten neues Leben,
Wie Schattendrücke, die des Lichtes Glanz er-
heben,

Getrost. Ein Augenblick, da meine Seele
        sich
Vor Dir ergießt, hat Lohn genug für mich,
Macht willig alle Freude hinzugeben,
Womit die Welt den täuscht,
Der ein beständig Glück vom Himmel heischt,
Giebt Muth, das Glück zu fliehn, das Liebe nicht
        bereitet,
Und das kein holder Blick von Dir,
Das nicht dein Kuß, dein Lächeln nicht begleitet.

X.

Schön ist die Rose, wenn der Thau
    Aurorens sie begießt;
Schön ist die Locke, wenn sie frei
    Von stolzer Scheitel fließt:

Doch schöner ist die Rose mir,
    An deiner Brust verblüht,
Als jede Rose, wenn sie frisch
    Am eignen Stocke glüht;

Und lieblicher und stolzer schlingt
    Dieß Haar in Locken sich —
Schnittst du zur Strafe für den Stolz
    Die Locke ab für mich?

Nein, nein, nicht Rache, Liebe schnitt
    Für mich dieß Löckchen ab,
Die Liebe, die vom Busen mir
    Tribut in Röschen gab.

Gesegnet sei das Stellchen, das
    Einst trug das seidne Haar,
So wie der Augenblick, da mir
    Dein Herz wohlthätig war.

Nur wachse da kein Löckchen mehr
    So lang, so braun, so fein:
Der Reiz der Erstlingschaft gebührt
    Nur diesem Haar allein.

Am Busen sterb' Dir jeden Tag
    Ein Röschen, wenn's mit Neid
Gesehn, wo schönre Knospen blühn,
    Voll Reiz und Fühlbarkeit;

Und wenn's gestorben, dann gieb's mir,
    Und fühl' beim Druck der Hand
Sanft meinen Wunsch, zu sterben auch
    Da, wo' das Röschen stand.

XI.

Wie zittert noch mein Herz —
Der Morgen war so hell, bis finstrer Schmerz
Den Horizont in Wetterwolken hüllte.
Ich, den Cytherens Frühlingskranz umwand,
Der aus dem Wonnebach den Durst der Sehn-
    sucht stillte,
Der rund umher ein paradiesisch Land
An meiner Doris weifsen Hand
In ihren Reizen sah, in ihrem Herzen fand,
Ich, der, von ihren Blicken trunken,
Mich zehnfach selig pries,
Mich stolz den Liebling Dorchens hiefs,
Dem Glücksgenufs so ganz mich überliefs —
Wie tief bin ich von meiner Höh' gesunken!

 Dich nicht mehr lieben? — O wie schau'rt
Der Seele vor dem schrecklichen Gedanken!
Wie kam er je in deine? — Zärtlich trau'rt
Mein Herz um deins, hätt' es je den Gedanken,
Selbst ohne Vorsatz der Erfüllung, nur gedacht.

Dem deiner Reize ganze Macht
Das Herz gerührt, der soll Dich nicht mehr lie‑
ben?
Dich sehn, und Thränen sollen nicht
Sein Aug', das wie das Herz für seine Doris
spricht,
Mit untröstbarem Kummer trüben?
Kann Dein Herz das? Wie manches Thrän‑
chen rief
Mein Aug' aus deinem Aug', wie manches Thrän‑
chen lief
Zu meinen Thränen einst, und ward auf deinen
Wangen
Im wärmsten Kusse aufgefangen! —
Ha Doris, wenn ich sanft Dein Aug sich
schliefsen sah,
Und Dir den Halsschmuck zu verschieben
Den glücklich schönen Augenblick ersah,
Sprich, athmete dein Herz auch da
Ein schreckliches: Du sollst mich nicht
mehr lieben?
Wenn sich dein weifser Arm auf meine Hand
gelehnt
Ganz mir gab, wenn dein Herz, vertraut zu ihm
gewöhnt,
Dein Liebling zärtlich schlagen fühlte

Und mit dem kleinen Fuſs sanft tändelnd spielte,
Sprich — dachtest Du da wohl das schreckliche
   Gebot,
Das meiner Ruh mit Todesmartern droht,
Das schreckliche Verbot: Dich nicht zu lieben?

Ein gröſsrer Gott wie der, der die Idee Dir
   gab,
Uns länger nicht zu lieben,
Der heischte längst zuvor mir das Gelübde ab,
Dich jetzt und immerdar zu lieben.
Hat er nicht in Dein Herz auch dieſs Gesetz ge-
   schrieben?
Ach ja, er schrieb es auch in Doris Herz,
Und der entzückende, der thränenreiche Schmerz,
Mit dem Du mir befahlst: Dich nicht zu lieben,
Zeigt noch den Rest, der auch in deiner Brust
   geblieben.

Vertilge nicht den heil'gen Rest
Der Saat, wenn gleich kein Glück mit Segen sie
   besternte —
Im guten Land, wo sie die Liebe ruhen läſst,
Reift auch die Thränensaat zur Freudenernte.
Vertilg' ihn nicht den heil'gen Rest.

Du liebst mich noch, und meiner Tage
Trau'rvollster gleicht dem Frühlingstage,
An dem der Nachtigallen Klage
Aus regentriefenden Gebüschen schallt,
Doch zärtlich schon den Sonnenblicken
Des heitern Tags entgegen wallt —
Noch, noch ist Doris mein, und Ahndung voll
     Entzücken
Sagt mir, daſs Du mich liebst,
Daſs Du gleich mir Dich auch betrübst,
Den Vorsatz mich zu fliehn, auf ferne Tage
    schiebst,
Und einst mein ganzes Recht auf Dich mir wie-
   dergiebst.

XII.

Ach, Doris, grausam ist's, wenn Du von mei-
nem Glück
Mir auch nur Einen Augenblick.
In Einem abgewandten Blick
Und Einem Druck der kleinen Hand entziehest;
Wenn Du von meinem Arm auch nur zum
Scheine fliehest,
So ist's zu grausam für ein Herz,
Dem jegliche Minute,
In der's entfernt von seinem höchsten Gute,
Von Doris, schlägt, oft tagelangen Schmerz,
Durch keine Lust ersetzbar, bringet!

Vergiß, vergiß, o Doris, nie,
Wenn sich dein Arm um meinen schlinget,
Daß in der Seelen Harmonie,
In gleichgestimmten sanften Blicken,
In wechselseit'gem Händedrücken,
Im Kuß voll gleich empfindlichem Entzücken
Der Himmel wohnt, der Liebe, so wie die,

Die unser Herz entflammt, zu neuem Schwung beflügelt,
Zu höh'rer Tugend reizt und Sinnenwünsche zügelt.
Vergiſs, vergiſs, o Doris, nie,
Daſs sanfter Seelen Harmonie
Der Liebe Urquell ist, daſs, nicht aus ihr entsprungen
Und nur durch Sinnentrieb erzwungen,
Die Freude bloſs Springbrunnen-Strahlen treibt,
Ein wandelbares Kunstwerk bleibt,
Und, durch die Zeit vom Urquell abgeführet,
Mit Staub sich trübt — zuletzt den Fluſs verlieret.

XIII.

Du, die mein ganzes Wesen küſst,
Die theurer mir als Glück und Leben iſt,
Für die mein Herz von Wolluſt überflieſst,
Wenn sie mich liebevoll an ihren Busen schliefſt,
Was säumst du, Doris? — Komm und stille
Die Sehnsucht, die mein Herz auf Foltern spannt.
Ach komm und giefs der Liebe reichſte Fülle
Durch Einen Blick durch Einen Druck der Hand
Sanft in ein Herz, das sich um keine Welt be-.
       kümmert,
Wenn ihm in deinem Augenglanz
Ein heller Liebesmorgen schimmert.
   Ha! wenn Dich heut im frohen Reihentanz
Ein andrer Arm umschlingt — wie werd' ich ihn
       beneiden!
Doch welche ſtille süſse Freuden
Werd' ich empfinden, wenn, vom Tanz erhitzt,
Mein Mädchen wieder bei mir sitzt,
Und ich ihr für ein holdes Lächeln
Die purpurfarbnen Wangen dann
Wie Zephyr kühlen, und beim Wangenfächeln
Den Busenſtrich verwehen kann!

XIV.

Weg ist die kleine Hand, die, wenn ich zärtlich
frug,
Ob Doris Herz noch jenen sanften Zug
Nach meinem Herzen fühlt, mit einem kleinen
Druck
Ein unaussprechlich Ja mir sagte;
Weg sind die Augen und das Licht,
Durch das es nur in meiner Seele tagte;
Weg ist das Graziengesicht,
Das, wenn ich meinen Kummer klagte,
Von Mitleidswärme überfloſs,
Und, wenn das Herz in Thränen sich ergoſs,
Mir jeglichen Gedanken sanft verrieth.
  Wohl dem, der in so mildem Augenblicke
In seines Mädchens Seele sieht,
Und dann sein Glück, wie ich mein Glücke
In Doris Seele las, in ihr auch blühen sieht!
  Wo ist die himmlische Gestalt, an deren Seite
Der Frühling Reiz gewann und alles mich be-
neidte?
Wo ist der Busen, der, vor aller Welt verschanzt,

Für mich mit Rosen nur bepflanzt,
Nur meinen Kuſs empfing, nur mir's erlaubte,
Ein Röschen, das mir oft ein schönes Zeichen
gab,
Und, wenn es halb verblüht tief tief herab
Geglitten, sich recht sicher glaubte,
Aus seinem Heiligthum hervor zu ziehn,
Um dann bei mir ganz zu verblühn?

Wer küſst jetzt Doris Hand, und Doris
Wangen,
Und Doris Busen, und den Rosenmund?
Wem macht jetzt jenes schmeichelnde Verlangen,
Geliebt zu sein, ein sanftes Mienchen kund?

Ach Gott — fort mit dem schrecklichen Ge-
danken!
Ganz, ganz ist Doris mein, kein fremder Kuſs
entweiht
Mein frommes Mädchen — dem Gedanken
Von mir entwandter Zärtlichkeit
Ein Frevel sind, vor dessen Schrecklichkeit
Mein Herz erbebt, ihr Herz sich scheut.

XV.

Ach Doris, Doris, selig war dein Freund
Beim Kuſs, den aus des Herzens schönster Fülle
Dein Mund ihm gab. Des Abendhimmels Stille,
Mit Zephyrs leichtem Spiel vereint,
Hing über ihm; mit lachendem Erwarten
Des heut'gen hellem Sonnenblicks
Verlieſs er Dich — doch ach! die Hoffnung sei-
nes Glücks...
Fängt an in Dunkelheit und Kummer auszuarten.

Der letzte Tag in meinem Jahre fängt
Mit Regenwolken an — und wenn er auch mit
Regen
Sich schlieſst? Ach! welche Ahndung drängt
Sich in mein Herz! Sieh aus den sichtbarn Schlä-
gen,
Wie sehr besorgt es für sein neues Jahr
Nach Dir nur blickt, durch die das jetzt entfliehn-
de Jahr
Ihm reich an heitern Frühlingstagen war.

Mein Lebenswunsch quillt nur aus dem:
    Dich lang' zu lieben,
Nur lang' von Dir geliebt zu sein:
Stürzt dieser Hoffnungsbau noch heute ein,
So mag auch Todesnacht noch heut mein Aug'
    umtrüben;
Denn meinem Herzen hilft allein
Die Hoffnung, Dich ganz wider mein,
Ganz glücklich Dich durch mich zu finden,
Die Bitterkeit des Lebens überwinden.

XVI.

Ein klein Geschöpf, schön wie der Göttinn Kind,
Die zarte Fädenchen zu Liebesnetzen spinnt,
Und aller Menschen Herz gewinnt,
So lang' als in der Welt noch Doris-Augen
    sind,
Erschien heut früh bei mir mit art'gen Compli-
    menten
Zu meinem Jahresfest,
An dem die Sonn' sonst kaum Ein Strahlchen
    blicken läfst.
Wenn Worte froh und stolz mich machen könn-
    ten,
So würd' ich's heut; denn so vertraut und schön
Wie diefs Geschöpfchen that, das hättst Du sollen
    sehn.
Es fafste mich ans Kinn bei süfsem Wangenstrei-
    cheln,
Sprang auf den Schoofs, hing mit den Aermchen
    sich

Mir um den Nacken, küſte mich,
Und, um recht feſt sich in mein Herz zu schmei-
cheln,
Floſs tausendmal das selige: ich liebe Dich,
Von seinen Rosenlippen: aber ich
That mit dem kleinen Complimentenhändler
Auch nicht ein biſschen schön; denn obgleich
heut
Mein Jahrstag ist, so kam der kleine Tändler
Mir doch zu ungelegner Zeit;
Er störte mich in einer geist'gen Promenade
Mit Dir, ohn' die mich nichts mehr rührt,
Von der Ein Blick mein Herz durch alle Grade
Der Liebesweih' entzückend führt.
Jetzt reut's mich, daſs ich mit dem kleinen Wesen
So unempfindlich kalt gewesen;
Denn als der Schalk aus meinen Armen flog,
Da nannt' er, wo mein Ohr mich nicht betrog,
Den Namen Doris — Doris, Deinen Namen,
Der gleich zum Herzen drang — Vielleicht war
es der Geist,
Der Engel, der sich glücklich preist,
Weil er für Doris wacht —. Sprich, kamen
Von Dir die kleinen Schmeichelein?
Gabst Du's dem kleinen Wesen ein,
Für deines Lieblings Jahrstagsmorgen

Ein geistiges Bouquet von Küssen, Tändelein
Voll süfser Schalkheit zu besorgen?

Doch warum bracht' er doch kein Creditiv
Von Dir? und warum kam der kleine Liebes-
bote
Nicht noch einmal zurück, als ich so freundlich
rief:
Ach komm zurück, du kleiner Liebesbote?

Sprich, war's dein Schutzgeist? Ward am
heut'gen Morgenrothe,
Als alles noch, nur nicht die Liebe, schlief,
Er von Dir ausgelehrt, zu mir zu fliegen,
In deine Seele sich mir um den Hals zu schmie-
gen,
Und mir durch Küsse geist'ger Art
Die Küsse liebevollrer Art,
Die mir dein Mund für Augenblicke spart,
Wo Du mit allen Schätzen
Der Grazie ganz mein bist, zu ersetzen?

Ach ja, er war's, und liefs sein Creditiv
Im Schauer, der durch meine Seele lief,
Als er nur Doris sprach, im Herzen mir zu-
rücke.

Ach Doris, wenn der heut'ge Tag vielleicht
Für Dich betrübt, für mich ganz ohne Kuß und
Glücke,
Umwölkt, wie jetzt die Sonn', vorüber schleicht,
Ach Doris, Doris, ach! dann schicke
Mir doch den Kleinen wieder her.
Ich will gewiß ihn freundlicher,
Wie erst empfangen, und bei seiner Wiederkehr
Soll er von mir Dir Küsse voller Leben,
Und wenn er noch dazu von Dir ein Zeilchen
bringt,
In dem jedwedes Wort zu meinem Herzen dringt,
So wie es aus dem deinigen entspringt,
Für jeden Federzug Dir tausend Küsse geben.

XVII.

XVII.

Wie himmelvoll war gestern nicht mein Loos!
Nach vielen ohne Kuſs verlebten Tagen
Saſs Doris froh auf meinem Schooſs,
Den schlanken Arm vertraut um mich geschlagen,
Drückt' sie mich an ihr Herz — und küſste mich,
Lieſs Wangen, Stirn und Aug', Mund, Fuſs und
     Busen sich,
Selbst freudig über meine Freude, küssen,
Sah vor ihr sich mein Herz ergieſsen,
Sah alle Wünsche und erfüllte sie,
Weil alle meine Sehnsucht nie
Die Tugend, die vestalisch sie vertheidigt,
Durch Einen Frevelwunsch beleidigt.

 In Rosenfleckchen — o wie schön
War jeder warme Kuſs zu sehn.

 Ach Doris, welch ein elisäisch Leben,
Wenn unsre Seelen sich in Eins verweben,
Und mein Aug' deinem Auge sagt,
Wie schnell, wie heiter es in meiner Seele tagt,

Wenn sie Dir ihren Kummer klagt,
Und deine Seele mich beklagt.
 Du kennst, du kennst das sanfte Sehnen
Der Liebe, und weinst auch oft Thränen,
Die nur allein schuldlose Liebe weint;
Auch Dir ist's Qual, den nur entfernt zu sehen,
Mit dem der Liebe Rosenkette Dich vereint.
 Ach gieb, wenn Dich die Morgenluft,
Vielleicht auch Hang zu mir, schon früh ans Fenster ruft,
Den Zephyrn, die von Dir zu mir herüber wehen,
Doch tausend Küsse mit; und wenn der West
Dir um Chignon und Schultern bläst
Und meine Augen Dir gleich früh entgegen sehen,
Dann schieb' die weifse Hand sanft von den Höhen,
Wo Dir das Herz am wärmsten schlägt,
Das Tuch, und lafs vom West den nackten Hals
 umwehen,
Und mich das Thal, das mir nur Blumen trägt,
Und seiner Hügel Rosenknöspchen sehen —

XVIII.

Von Ruh entfernet, einsam, trübe
Ist jeder Tag, an dem dein Auge nicht
Ein himmelvolles Zärtliches: ich liebe
Nur Dich, zum meinen spricht.

Doch ach, wie sparsam ist mit ihrem Glücke
Die Liebe! und doch wünscht die Seele nie
Sich einen Tag von Liebe leer zurücke;
Denn nichts reizt ohne sie.

Die Thränen, die der Liebe Schmerz vergießet,
Sind süßer als die süßte Lust der Welt;
Ein Handdruck, Ein schuldloser Kuß versüßet
Mehr als der Gram vergällt.

Des Wiederseh'ns fühlbare sanfte Freuden,
O Doris, wie entzücken sie mein Herz!

Geduld'ger kann's der Trennung Kummer leiden;
Du theilst ja meinen Schmerz.

Und sehnst Dich auch nach aufgeklärtern
Tagen,
Wo dornenlos die Liebe uns vereint,
Und sanfter nur: ich liebe Dich, zu sagen,
Das Aug' ein Thränchen weint.

XIX.

Wie schön sie war
Im mit Vergißmeinnicht durchwebten Haar,
Die junge lächelnde Najade,
Als Doris an des Bachs Gestade,
Der aus dem Hügel murmelnd floß,
Nach sonnenreicher Promenade
Des Buchenschattens Kühlungen genoß!

    Dir gleich an Wuchs druckt' sie mit leichtem
                        Fuße.
Kaum ihre Spur dem Ufer ein,
Ihr Gang schien wie ein Tanz, und Sonnenschein
Strahlt' aus den Augen ihr, als sie beim schlauen
                        Gruße
Schnell neben uns vorüber ging,
Und Dir den lieblichen verstohlnen Wink
Ihr nachzufolgen gab. O welch ein Glücke,
Daß in dem Augenblicke
Mein Dorchen nichts als mich nur sah!

    Wie bebt' ich als der Wink geschah!
Allein kaum war die Furcht vergangen,

Wie hetzlich lacht' ich da!
Gewiſs, das Göttermädchen sah
Dich bei den Rosenwangen,
Dem schönen Aug', den Armen weiſs und schlank,
Für ein Najadchen an: Dein freier, leichter Gang,
Der edle Stolz, der aus den feinsten Zügen
Des Mundes spricht, gab den Gedank' ihr ein,
Du könntest nicht ein sterblich Mädchen sein;
Drum lud sie ins Gesträuch dich ein,
Um da sich an ein Schwesterherz zu schmiegen,
Und Sterblichen die Freude zu entziehn,
An einer Göttinn Arm am Bach zu gehen,
Die Hügel lachen, die Gefilde blühn,
Den Himmel heiterer zu sehen.
 Ach wär' mein Dorchen mir entflohn,
Hätt' sie nicht Hand in Hand mit mir den Wald,
   die Hügel
Durchwandelt, längs des Stromes Spiegel
An meinem Arme nicht dem Herzen süſsen Lohn
Durch manchen sanften Druck gegeben,
Wie traurig wär' dann dieses Tages Leben
Verflossen! — Doch wer weiſs, wär' ihr Entfliehn
Für mich nicht neues Glück gewesen?
Hätt' ich nicht, eh' sie floh, in ihrem Aug' gelesen,
Wohin sie floh? und hätt' ich's nicht gelesen,
So weiſs ich aus der Wassergötterwelt,

Daß jede keusche flüchtige Najade
Sich weniger am blumigsten Gestade
Als plätschernd im krystallnen Bade
Mit ihren Schwesterchen gefällt —

Hätt' dann aufs Bitten der Najade
Das Nußgesträuch, das mit der dichtsten Nacht
Den nahen Strom sanft überdacht,
Dich auch ganz zu najadisiren dreist gemacht —
Ha Dorchen, Dorchen! ewig Schade,
Daß Du die winkende Najade
Nicht sahst, daß Du nicht mit ihr gingst,
In ihrem Kusse ew'gen Reiz empfingst!
Ach Dorchen! alle Charitinnen,
Die ungeputzt das Herz gewinnen,
Sind nicht so schön wie Du mir bist.
Und darf im Herzen, das stets neues Glück genießt,
Je mehr das Auge sieht — denn nicht der Wunsch
                                        entstehen,
Sein Mädchen einst najadisirt zu sehen?

XX.

So schön war nicht der schönste Tag im Mai,
Nicht der, als Du mit süfser Schmeichelei
Mein Kinn ins hohle Händchen nahmst,
Kaum der, als Du den ersten Kufs bekamst —
Ha Dorchen, jenen Erstling deiner Küsse!
Denkst Du ihn noch? Auf Schultern Hals und
              Haar
Und Hand und Rosenwangen war
Schon mancher Kufs gedrückt, doch keiner war
So himmelvoll, und keiner flofs so süfse
Ins Herz, als jener erste Eine Kufs,
Den Du für tausend meiner Küsse,
Mit umgeschlungnem Arm, theilnehmend am Ge-
              nufs
Der Zärtlichkeit, mir gabst: so schön wie dieser
              Kufs
War dieser Tag — mit Sonnenstrahlen fei'rte
Ihn die Natur, und jeder Blick von Dir betheu'rte,
Wie sehr mich Dorchen liebt,
Wie gern sie mir das hohle Händchen giebt,

Wie sehr mein Mädchen sich betrübt,
Wenn ihm sein Liebling fehlt,
Wie sie gleich ihm die Augenblicke
Des Scheidens ängstlich zählt,
Und ohne ihn kein Glanz, kein Glücke
Die sanft gestimmte Seele rührt.
  Mein Herz, das keinen Kuſs und keinen
     Blick verliert,
Hat diesen Tag tief angezeichnet,
Und wenn dein Herz einst sein Gefühl verläugnet,
Dann soll er wider Dich — Ha! welch ein Glück!
Nie wird er wider Dorchen zeugen.
Die Thränen, die bei manchem Blick
Sanft in die schönsten Augen steigen,
Die schwuren mir ein ewig Glück —
Sie wird mich ewig, ewig lieben,
Nur mich küſst sie, nur meiner Hand steht frei,
Zu freier Liebeständelei
Das Morgenhalstuch zu verschieben,
Zu mir allein neigt sich die Haarfrisur,
An meiner Hand gefallen
Ihr mehr die Reize der Natur,
Für mich allein hebt nur
Den Busen ein empfindungsvolles Wallen.
  Gesegnet sei der festlich schöne Tag —
Als sie, zu meinem Glück geboren,

Im Wirbel sanfter Lust verloren,
Vertraut an ihres Lieblings Schulter lag,
Und als sich Millionen Küssen
Die Rosenlippen überliefsen!
Wie eine Gegend schön, wenn vor der Sonne Licht
Ein kleines Wölkchen sich gezogen,
So schön war Dorchens lachendes Gesicht,
Als unter sanft gezognen braunen Bogen
Ihr schönes Auge mild sich schlofs.
Wohlthätig, wie ein warmer Regen, flofs
Durchs ganze Wesen mir Entzücken,
Als ich, mich dichter an ihr Herz zu drücken,
Sie ihre Arme um mich schlingen sah.
Ha! unter Amors Taubenflügeln,
Auf weich begrünten Frühlingshügeln,
In Myrtenschatten safs ich da
Und sie auf meinem Schoofs — O Dorchen, alle
     Freuden
Der Liebe gaukelten hier mit uns beiden,
Und ohn' des Herzens Wunsch in Wörterpracht
    zu kleiden,
Sprach Ein Kufs mehr als alle Sprache fafst.

  Kein Mädchen, das so sehr wie Doris
     Wollust hafst,
Safs je vertraulicher auf seines Lieblings Schoofse.
Kein Liebling wiegte je sich zärtlicher im Schoofse

Der feinsten Lust — und doch wär' nie ein glück-
                lich Paar
So gern in eine andre Welt gegangen,
Wo Unschuld, Ruh und Liebe sich
Wie Himmelsgrazien umfangen
Und Kränze aus der Tugend Hand empfangen.
Ach Doris, wie verdient wird Dich
Der Amarantenkranz der Tugend schmücken!
Dein Geistesaug' wird dann mit freiern Blicken
Rund um sich nichts als Lieben sehn,
Und Freude, die kein neidisch Schmähn
Befleckt und stört — Nach mir auch wird es
                sehn,
Und dann in mir noch jene Liebe finden,
Die hier schon mehr als irdisch ist,
Schon hier Elysium geniefst,
Wenn deine Arme sich um meinen Nacken win-
                den,
Wenn meine Küsse warm auf deinen Wangen
                blühn,
Und solche Wünsche nur in unsern Herzen glühn,
Die ihren Gegenstand auch noch im Himmel
                finden.

XXI.

Wie einsam, wie betrübt, wie reizlos, wie entseelt
Ist alles dem, dem solch ein Mädchen fehlt,
Wie das, das sich mein Herz zu seinem Glück erwählt!
Ach Doris, ohne Dich fehlt meinen Tagen Sonne
Und meinem Herzen alle Trosteswonne.

Der Gang, den Doris ging,
Wenn sie vertraut an meinem Arme hing,
Und, wenn ich sie im Seufzen überraschte,
Im Händedruck ein sichres Pfand empfing,
Daſs dieser Herzenshauch nach mir nur ging —
Ach! alles spricht von Lust entflohner Tage,
Und jeglicher Gedank' an jene heitern Tage
Verwandelt sich in eine stille Klage
Ums Glück zu schnell entflohner Tage.

Die Linden, die jetzt keine Sommernacht
Mit Thau mehr netzt, wo tausend Tändeleien
Das Herz oft froh und nie die Unschuld roth
gemacht,
Wie sie ihr Laub, das sonst bei Zephyrs Spiel
Vermischt mit Blüthen Dir auf Schoofs und Bu-
sen fiel,
Welk auf den kalten Boden streuen!
Bald werden sie ganz blattlos stehn,
Der Wandrer wird vorüber gehn,
Und, ohne Hoffnung unter dürren Linden
Ein Mädchen, wie die Huldgöttinnen schön,
Bei seinem Arbeitstisch zu finden,
Nicht mehr nach sonst geliebten Linden sehn.

Ach Doris, wie der Herbst von schatt'gen
Linden
Die Blätter haucht, so fühlt, von Dir entfernt,
Das Herz der Unschuld Lust, die zu empfinden
Es deinem Herzen abgelernt,
Für alles andre Glück fühllos, verschwinden —

Komm wieder, holder Lenz, mit frischem
Grün
Verwaiste Linden zu umkleiden,
Und jedes Herz mit neuen Freuden

Bei deinem Eintritt zu durchglühn —
Komm wieder, Doris, um mit Blicken,
Die meinem Herzen Lenz und Thau und Sonne
      sind,
Durch die mir alles neuen Geist gewinnt,
Zu schon empfundner Lust die Seele zu entzücken:
Komm, komm, denn alles, alles fehlt,
Der Seele, die nur Dich zu ihrem Glück erwählt,
Ach alles scheint ihr reizlos und entseelt,
Arm und verwaist — so lang' ihr Doris fehlt.

XXII.

Glaub mir's, Diana sah es gern,
Wenn wir einst Hand in Hand in ihrem Scheine
   gingen,
Und heller schien Cytherens Stern,
Wenn sanft mein Arm, Dich zu umschlingen,
Die Hand verließ, und Du mich dichter an dich
   zogst,
Das Köpfchen schlau nach meiner Schulter bogst,
Und ich an Dich mich näher schmiegte.
Doch wenn aus Furcht vor Lunens Lichte
Und unserm Schatten Doris mich verließ,
Und alles um uns her den Glanz Dianens pries,
Dann wünschten wir dem glänzenden Gesichte
Der keuschen Göttinn oft den dichtsten Flor,
Zum mindsten über uns ein Wölkchen vor.
 Geliebter Mond, Dank sei dir, Dank,
 Wenn unsern stillen Abendgang
 Umglänzt dein Silberschimmer:
 Doch wenn dich andre mit uns sehn,
 Und weniger nach deinem Schimmer
 Als unserm Schatten sehn,
 O dann verbirg dich immer.

XXIII.

Hoch über alle Freude
Schwingt sich des Herzens Freude,
Wenn Doris Aug' voll Geist
Mich seinen Liebling heifst.
Wer fühlt bei seinen Blicken
Nicht heiliges Entzücken?
Wen rührt sein Sonnenlicht,
Wenn rührt sein Thränchen nicht?

Die Grazien, berufen
Zum Dienst der Liebe, schufen
Diefs Augenpaar so mild
Nach ihrem Ebenbild,
Und Amors Hand hat ihnen
Den Stolz, der oft mit Mienen
Den Thoren niederschlägt,
Stets siegreich eingeprägt.

Wie schön sind sie gezogen,
Die feinen braunen Bogen,
Auf denen Freude thront;

Doch

Doch oft auch Kummer wohnt!
Schlau läſst sich Amor nieder
Auf Doris Augenlieder,
Wenn er um ihren Rand
In Wimpern Netze spannt.

 Wenn muntrer Lebensgeister
Feu'rkraft, im Herzen dreister
Vom Amor angefacht,
Das Aug'. beredter macht,
Dann blühn die Rosenwangen
Reizvoller, mehr Verlangen,
Mehr Freude — oft mehr Schmerz
Fühlt dann mein zärtlich Herz.

 Wie schwellt nicht mein Entzücken,
Wenn in des Auges Blicken
Sich jener Ausdruck zeigt,
Den keine Sprach' erreicht!
Welch milder Luststrom fließet
Ins Herz, wenn sie mich küsset,
Wie ich, ganz Liebe ist,
Und dann die Augen schließt!

Zweit. Bändchen.

XXIV.

Schon unterm mütterlichen Herzen
Geheiligt zum Gefühl der Schmerzen,
Ohn' die wohl nie der Liebe Rosen blühn,
Gebar Dich einst die zärtlichste der Mütter;
Und Dich zum Glück der Liebe zu erziehn,
Und jeden Lebenskelch, der bitter
Die Lippen netzt, Dir zu entziehn,
Ja selbst der Sonne nur durch Lauben,
Umblüht von Geifsblatt und Jesmin,
Auf deine weifse Haut ein Blickchen zu erlauben,
War stets ihr mütterlich Gebet.
Allein die Hand, die jene Kugel dreht,
Auf der des Glückes Göttinn steht,
Ermüdete sie fest zu halten;
Schnell änderten sich alle Weltgestalten,
Und Doris — ach! das sanfte Lieblingskind
Ward diesem Mutterarm entrissen,
Und sollte lernen Lippen küssen,
Von denen nie ein süfses Wörtchen rinnt.
   Weh allen, die das Recht zu küssen
Aus Hymens Hand erkaufen müssen!

Bei keinem Kauf wird mehr getäuscht,
Als bei Gott Hymens Krämereien,
Von deren Werth er durch die Strafsen kreischt,
Ohn' sich vor den viel tausenden zu scheuen,
Die nach dem Kauf den Kauf bereuen.

Ein Thor nur lacht beim Traugesang
Und weint beim Sterbeglockenklang.
Sollt' es nicht besser sein, diesseit des Teppichs
sterben,
Als um der Tochter Kuſs erst bei der Mutter
werben?

Das Schnellsein hilft zum Laufen nicht,
Wie Salomo der Weise spricht,
Und kluger Rath macht lang' nicht immer kluge
Ehen;
Ja liefs' man vom Sokrat das Ehstands-Rädchen
drehen,
So hülf' es nicht. Das Glück allein bestimmt
Nach seinem Eigensinn Gewinst und Nieten,
Und pflegt dem, der den Zettel nimmt,
Oft kaum die Mühe zu vergüten,
Mit der er zur Devise sich bestimmt — —

Wie glücklich war dein Herz, als Du
Im mütterlichen Arm, im Schoofs der Ruh

Der Unschuld und Dir selber lebtest,
Ein Lieblingstöchterchen der Grazien,
Dir im Ideenspiel von Dingen, die geschehn
Und nicht geschehn, so manch Systemchen webtest,
Nach seiner Wirklichkeit in Morgenträumen strebtest!

Ach Gott! nur Träume blieben es!
Die Welt hat für kein zärtliches,
Fühlbares Herz, wie unsre Herzen,
Ein dau'rhaft Glück, wohl aber tausend Schmerzen,
Den Seelen ohne Liebe unbekannt.
Nein, sie ist nicht der Liebe mütterliches Land,
Wo Segen über Unschuld fliefst:
Die Farbe ihres Horizontes ist
Ein trübes Grau, durch das die Freude eilet
Schnell wie das Licht, das aus den Wolken schiefst,
Wenn sie ein Blitzstrahl theilet.

XXV.

Da war kein süſs Gespräch, kein tändelnd Fä-
cherspiel,
Kein Mädchen, das im Tanz, wie Du, ins Auge
fiel,
Die Grazien, deine Hausgöttinnen, schlüpften
Drum auch mit weggewendetem Gesicht
Durchs Zimmer, um die Dämchen nicht,
Die ihren Contretanz wie Frösche hüpften,
Noch mehr zu stören, und dem Herrn,
Der die Colonnen nah und fern
Mit seinen Tanzconcepten quälte,
Und, wenn er selbst die Tour verfehlte,
Unschuldig auf die Geiger schmälte,
Nur ja nicht in dem Weg' zu stehn.

Ich, der mich bloſs nach Dir nur sehnte,
Saſs stumm beim Kartentisch und gähnte,
Frug bloſs in Coeur, und wenn ich dann

Gut kaufte, und Tourné gewann,
Ach Dorchen, ach! wie seufzt' ich dann:
„Wer Glück in Karten hat, hat Unglück in der
Liebe,"
Und schwerer ward das Herz, das Auge zehnfach
trübe.

XXVI.

Hier an des Volks erwählter heil'ger Stätte,
Wo ich zu einem Wesen bete,
Das sich in keine Tempel schliefst;
Hier, wo das Herz ganz Gluth und Andacht ist
Für Gott und Doris. — wo in Thränen
Sich dieses Herzens kühnes Sehnen
Nach seinem letzten Schlag ergiefst;
Hier, wo dein Aug' mit sanften Blicken,
Bei unschuldvollem Händedrücken,
Gespräche, die ein frommes Herz nur fühlt,
Mit meinem, aller Welt unhörbar, hielt;
Hier, wo aus Gräbern der Gedanke
An Tod und Ewigkeit entspringt;
Wie selig mischt sich da der himmlische Gedanke,
Der auch zur Ewigkeit sich schwingt
Und Freude ohne Mafs der fühlbarn Seele bringt,
Wie selig mischt sich da der glückliche Gedanke,
Von Dir geliebt zu sein,
In Rührungen von Andacht ein!

XXVII.

Mein Herz, erschöpft von tausend tausend Zähren,
Schlaflos in langer Nacht geweint,
Häfst allen Trost, der sanft es aufzuklären
Ihm nicht an Doris Hand erscheint,
Und liebt die Nacht, die seinen Gram zu nähren
Ihr dunkles Graun mit ihm vereint.
 Ach Gott! dem weissen schlanken Arm ent-
       rissen,
Mit dem mich Die an ihren Busen zog,
Aus deren Athem ich bei tausend Küssen
Ins Herz Gefühl für Tugend sog!
 Entfernt von Augen, die Entzückung sprachen,
Wenn Doris Seele ganz sich mir ergab:
Wie milde fiel, wenn sie voll Liebe brachen,
Ihr Thränchen und ihr Blick auf mich herab —
Auf mich, der ganz Gefühl zu Doris Füssen
Ums ew'ge Eigenthum des Herzens bat,.
 Das, ohn' der Zärtlichkeit sich grausam zu ver-
       schliefsen,
Die Tugend doch nie übertrat!

Dem Tage Heil, an dem diefs Herz die Liebe
Mir aufschlofs — und weh mir, wenn dieser Tag,
Da unter meinem Kufs ich dieses Herzens Schlag
Zuerst gefühlt, Dir nicht gleich festlich bliebe!
Ach dann — doch nein, mein Herz und deins,
Geweiht zu allen Liebesleiden,
Schmolz Himmelsflamme ganz in Eins,
Und Erdenflamme kann jetzt keins
Zurück ins vor'ge Wesen scheiden.

Welch Glück! Welch Glück! Dein Herz und
meins,
Umwebt mit Amors Dorn- und Rosenketten,
Im Kummer selbst beglückt als Eins —
O wenn sie doch auch Einen Sterbtag hätten!

XXVIII.

Süß ist zwar das Vergeltungsrecht;
Doch wer es übt, mit dessen Sittenlehre
Steht's meiner Meinung nach nur schlecht;
Und wenn ich gleich durch meine Lehre
Das schönste Rendesvous verlöre,
So sag' ich doch zu meines Herzens Ehre,
Das schmeichelnde Vergeltungsrecht
Blitzt schön wie Straf, und ist auch nur so ächt. —

Du ließ'st mein Jahrsfest ohne Lieder;
Ich aber laß' den Morgen nicht,
Da Dir' das erste Sonnenlicht
Ins vorbedeutend weinende Gesicht
Im Arm der Mutter fiel, auch ohne Lieder,
Ist gleich ihr Ton nur Elegie.
So wie der Nachtigall, wenn sie
Der Abendluft und eh' es taget,
Den weggefangnen Gatten klaget.
Doch auch der Ton der Elegie

Hat Reiz und Rührungen für die,
Die aller Erdenlust aus Sympathie
Sehr gern für mich, wie ich für sie, entsaget.
Und da in einer Jahreszeit,
Wo zwar der Frost die Fensterscheiben
Mit Blumgestalten überstreut,
Nur Menschenkünste Blumen treiben,
So schmück' auch heut kein Blumenstrauſs
Dein Haar und deinen Busen aus.
 Doch wenn auch gleich jetzt alle Blumen
     blühten,
So würd' ich, meines Vortheils zu bewuſst,
Mich doch dein Haar und deine Brust
Mit Blumen zu bestecken hüten;
Viel lieber möcht' ich Haar und Brust
Von Tüchern, Schleifen und Dormösen
Zu aller Jahreszeit erlösen —
 Von Blumen also nichts — nichts von der
     Künstelei,
Womit, galant und oft sehr ungetreu,
Der Witz die Liebesfeste krönet.
Mein Herz, bei Dir von aller Kunst entwöhnet
Und ganz Natur und ganz Gefühl,
Verschmäht wie Du ein Launenspiel,
Das Amor und die Huldgöttinnen hassen.
Uns ist ein jeder Augenblick,

Wo unsre Seelen, ganz sich überlassen,
Ihr unaussprechliches, doch ganz empfundnes
    Glück
In keine Wörterformen passen,
Ein Fest — und Amorn und den Grazien
Dankt unser Herz für solche Augenblicke,
Und ohne solche Augenblicke
Ist nie ein Tag uns festlich schön.

   Wer nicht den Geist der Liebe kennet,
Der ohne Küsse auch das Herz erwärmt,
Wer jenen Rausch nur Liebe nennet,
Wenn heifses Blut die Seele überschwärmt,
Der fodre, seines Mädchens Fest zu feiern,
Den Putz der Künste auf, an die ein Herz nicht
    denkt,
Das ganz, wie meins, an Doris hängt,
Aus dem, ihr heilig zu betheuern,
Dafs sie allein sein Abgott ist,
Ein Thränchen, Ihr nur sichtbar, fliefst:
Und wirkt die still geweinte Zähre
Nicht mehr auf sie als alles, was die Kunst erschuf,
Ach Dorchen — ach wie schrecklich wäre
Mein Schicksal dann, wie traurig der Beruf
Zum Leiden, das die Seele fühlet,
Wenn der Gedank' von Dir entfernt zu sein
Mit seinen Dornen sie durchwühlet!

Sieh diese Thränen an! — wie Morgenthau so
rein —
Hol' sie mit deinen Küssen ein,
Noch eh' sie von der Wange treufeln.
Ach Gott! Du kommst nicht — und mein Herz,
geneigt
An allem Weltglück zu verzweifeln,
Läſst sie vielleicht gar fruchtlos treufeln —

Wo sind die Tage, da ich, sichtbar überzeugt
Von Doris Liebe, keinen Kummer kannte,
Sie ganz die Meine nannte,
Und mein Gesicht, wenn es von Liebe brannte,
Und sich mein ganzes Wesen zu ihr wandte,
In ihren Busen sanft verbarg, und nie
Ein Thränchen unserm Glück und ihren Reizen
zollte,
Für das nicht auch aus Sympathie
Ein Thränchen ihrem Aug' entrollte? —

Wenn mischen sich einst wieder unsre Thränen,
Wenn wird der Liebe heiſses Sehnen,
Aus dem der Thränen Bach so unerschöpflich quillt,
Durch Einen Kuſs — durch Einen nur gestillt?

Ach Gott, nur Einen Kuſs! nur Einen Blick
voll Liebe
Am Tage, den mein Herz den schönsten heiſst,

Weil er Dein erster war — und wenn ich auch
verwaist
Und wieder trauriger auf meinem Felsen bliebe,
Als der, dem Sturm und Meer die Hoffnungen
entreifst,
Die er im Hafen schon einmal erfüllt gefunden,
Und vor der Scheiterung demselben Hafen nah
Mit neuen Reizungen sich schon erfüllen sah —

Wie gerne kauft' ich nicht mit tausend traur'-
gen Stunden
Heut Einen schönen Augenblick bei Dir allein!
Wie heilend würd' er nicht für meine Herzenswunden! —
Würd' dann nicht dieser Tag auch Dir geweihter
sein?

XXIX.

Nimm hin diefs Tuch, nicht wie's im Rausch der Sinnen

Der Schönsten der Tscherkasserinnen, *)

*) Um den Glauben der Leser über diese angebliche Serails-Pepiniere zu berichtigen, setz' ich eine Stelle aus *Reineggs* Beschreibung des *Kaukasus* (Gotha 1796, 1. Thl. S. 261) hieher. „Ich weifs „nicht, was zu dem allenthalben so ausgebreite„ten Vorurtheile Anlafs gegeben haben mag, das „weibliche Geschlecht der Tscherkassen für so „schön zu halten. Zu einer tscherkassischen „Schönheit gehört ein kurzer Schenkel, ein klei„ner Fufs und ein glänzend rothes Haar. Aber „was ist diefs gegen die feurige lebhafte Jugend „des ungeschminkten georgianischen Mädchens! „Die zarte Körpergestalt und das anziehende „blaue Auge der Persianerinn ist weit hinreifsen„der, als der runde feste Fleischbau der muth„willigen Tscherkasserinnen. Und wer die Weiber „der Lesghi siehet, erstaunt, die bewundrungs„würdigen, schönen weiblichen Statüen der „griechischen Künstler in diesen Weibern wie„derzufinden. Zwar ist der muntere Anstand „der tscherkassischen Schönen vorzüglich ein„nehmend; sie sind lustig, scherzhaft, schalkhaft, „spitzfindig und sehr gesprächig. In der Jugend „herrschen sie über die Männer mit einem ihnen „wohl anstehenden Stolze; im Alter aber werden

Ohn' dafs er erst ihr Herz zu süfser Lust erweicht,
Dort Stambuls Fürst im eiteln Harem reicht;
Nein, nein, ein Tuch, dem Busen umzuschlagen,
Wenn kalte Lüfte ihn, vom Tanz erhitzt, umwehn;
Und gar zu frei es ungeweihte Augen wagen
Nach seinem offnen Reiz zu sehn:
Allein wenn sich des Busens Frühlings-Höh'n
Bei meinem Blick und Handdruck wallend blähn,
Darf dann, der es zuerst Dir um den Hals gegeben,
Dein Liebling, sich nicht unterstehn
Schlau tändelnd unters Tuch zu sehn —
Es vom verschämten Busen aufzuheben,
Und seinem Aug' ein Fest zu geben?

„sie unausstehlich zänkisch, und liegen den gan-
„zen Tag auf einer mit Teppichen belegten höl-
„zernen Bettstelle;. das einzige Geräth ihrer Be-
„quemlichkeit in einem elenden und leicht ge-
„baueten Hause, welches aus Strauch- oder Fach-
„werk bestehet, und mit Schlamm und Kuhmist
„beworfen ist."

XXX.

XXX.

Wohl dem Gestorbnen, dessen Uebergang
Zur Ewigkeit der Glocken tiefer Klang
Laut ausruft — wie beneidet
Ihm nicht mein Herz den Uebergang
In Welten, wo kein frevler Zwang
Der Unschuld Himmelsbahn verschneidet! —
Ein schwaches Herz trau'rt um sein Grab —
Sein Geist sieht jetzt aus heitern Sphären
Mitleidig auf die Klagenden herab,
Die wahrer Menschheit Werth durch Nänien ent-
    ehren.

    Ha Doris — wär' der Reiz, der Dich um-
    blüht,
Der Augen Sonnenlicht, das Herzen an sich zieht,
Der weiße Arm, des Busens sanftes Wallen,
Das Haar, das stolz gelockt entzückt,
O wär' doch alles, was Dich irdisch schmückt,
Und ich mit ihm auch schon in Staub zerfallen! —

    Ein dreister Wunsch — verzeih ihn mir,
Mir, der Dich so unendlich liebt; und hier

Geistvoller Gluth Befriedigung nicht findet —
Vielleicht gefällt das Leben Dir,
Wo stets ein neuer Sieg Dir Myrtenkränze windet,
Und Herzen deiner Augen Reiz entzündet —
So leb' dann glücklich — ich, um glücklich auch
    zu sein,
Will sterben — In den Gräbern wohnt allein
Die Ruh', nach der die Seele schmachtet,
Die alles Erdenglück verachtet,
Und nur das Glück ganz dein und stets um Dich
    zu sein
Für Glück hält — Aber dieses Glück
Läſst sie beim Heimgehn auch nicht in der Welt
    zurück,
Sie wird Dich auch in jener lieben:
Dort, wo kein Kummer ihre Augen trüben,
Kein Schicksal ihr Gefühl für Doris hindern
    kann —
O wie unendlich wird sie da Dich lieben!
Mit deinem Schutzgeist wird sie dann
Vertrauliche Gespräche halten,
Und glückliche unschuldige Gestalten
Aus Tagen ird'scher Seligkeit
Im Traum vor deine Seele führen —
Dann werden Strahlen ihrer Heiterkeit
Dich wie elektrische Lichtfunken rühren.

Mit dem Gedanken an Unsterblichkeit
Sich der Gedank' an mich vereinen —
Doch Dorchen wird dann nicht um ihren Lieb-
     ling weinen;
Nein, wünschen wird sie — todt zu sein
Und sterben — O wie wird sich dann mein Geist
     nicht freun,
Wenn ihn der deinige, vom Körper abgetrennet,
Für deinen Liebling wieder gleich erkennet,
Und in Empfindungen entbrennet,
Die in der Welt, wo Nebel selbst aus Tempe steigt,
Gold Schlacken, und die Sonne Flecken zeigt,
Schon unsre Herzen himmlisch labten!

XXXI.

Als Dorchen heut geputzt zum Landfest ging,
Da hielt ganz dicht beim sechsbespannten Wagen
Mit Taubenangespann Cytherens Muschelwagen:
Der kleine schöne Postzug fing
Sanft mit den Flügeln an zu schlagen,
Als Du erschienst; doch da der Kutschschlag Dich empfing,
Ach wie die Täubchen da die Schwingen
Schwermüthig über deine Abfahrt hingen!
Recht deutlich konnt' ich's seh'n, wie nah es ihnen ging,
Den süfsen tändelnden Geschöpfen:
Stolz aber spielten mit den fiokirten Köpfen
Die Rosse, im Gefühl von ihrem gröfsern Werth,
Wenn eine Grazie mit ihnen fährt.

Ich, der sich stets geschwind für Leidende erklärt,
Empfand auch Mitleid mit den niedlichen Geschöpfen:

Doch näher überlegt, so pries
Ich mein Geschick, das von den niedlichen Geschöpfen
Dich, Dorchen, gar nichts sehen ließ;
Denn wärst Du in den goldnen Muschelwagen
Gestiegen, o so hätten sie gewiß
Zur Liebesgöttinn Dich nach Paphos hingetragen,
Und Dorchen hätte dort, den Grazien zugesellt
Bei Amors Hofe, an die andre Welt
Und auch an mich vielleicht nicht mehr zurück gedacht,
Ach Gott! und ich — was hätt' ich dann gemacht?

XXXII.

„Zu Traurigkeit und hoffnungslosem Schmerz
„Führt uns die Liebe, und das Herz,
„Dem einst der Hang zur Liebe angeboren,
„Ist für das Glück der Welt verloren — ganz
    verloren —
„Mit tausendfachem bitterm Gram
„Vermischt sie ihre Süfsigkeiten,
„Und labyrinthisch, unwegsam
„Sind alle Steige, die zu ihrer Freude leiten.
„O Liebe, o wie wenig kennt
„Dich der, der dich des Lebens Sonne nennt,
„Und wenn dein Himmel ihn bethauet,
„Den heitern Morgenlüften trauet! — —

So sang ich jüngst von Kummer unterdrückt
Und tausendfält'gem Schmerz zerrissen,
Verzweifelnd je ein Glück mehr zu geniefsen,
Von dem Ein Augenblick die Seele mehr entzückt,
Als Tage voller Lust in sinnlich schönen Armen,
Wo Kummer, Mitleid, Furcht, Erbarmen

Die Brust zum Athemzuge nie verengt,
Wo Himmelskraft die Seele nie erschüttert,
Im Auge nie ein Thränchen zittert,
Und mit dem Seufzerhauch sich mengt —

Allein seitdem von diesen Augenblicken
Schon mancher wiederkam, seitdem verzeiht
Mein Herz der Liebe ihre Grausamkeit,
Und glaubt und traut, wie in den Tagen voll Entzücken,
Dem Sonnenschimmer, den sie um sich streut.

O wonnereiche mächt'ge Liebe,
Wenn doch dein Frühling ewig bliebe,
Kein Winternebel tödtlich trübe
Den heitern Morgenglanz der Liebe
Oft ganz vom Horizont vertriebe!
Ach stächen tausend Dornen nicht,
Wenn man nur Eine Rose bricht!

Vergebner Wunsch — die Rosen blühen
Nicht anders als am Dorngesträuch;
Und ist manch mütterlich Gesträuch
An Rosen mehr als Dornen reich,
Dann wohl dem, dem mehr rosenreich
Als dornicht Rosenstöcke glühen!

Uns, Doris, blühn sie dornichter:
Wie oft wird's nicht der Hand so schwer
Ein grünes Blättchen nur zu brechen!
Und gern — sehr gern liefs' ich die Finger mir
      zerstechen,
Verschonte nur der Dornenstich
Beim Rosenpflicken Dich.

XXXIII.

Wer so wie ich sein Leben haſst,
    Wer schon so viel geweint,
O dem ist Witz und Freude Last,
    Und Nacht, wenn Sonne scheint.

Fort, Lachen, deine Heiterkeit,
    Entstellt nur ein Gesicht,
Aus dem mit finstrer Bitterkeit
    Nur Weltverachtung spricht.

Ich lächle jetzt allein beim Blick
    In eine andre Welt,
Wo man von Wonne nicht zurück
    In tiefe Wehmuth fällt.

Auch an der Erde Kummer nimmt
    Mein Herz, zu keinen Heil
Schuldloser Liebe hier bestimmt,
    Nicht mehr so warmen Theil.

Wer ist unglücklicher, wie ich,
    Beim zärtlichsten Gefühl?
Ach Doris, — Doch ich wein' um Dich,
    Nie wein' ich drum zu viel —

Auch deine Seele fühlt den Gram,
    Der mir am Leben nagt;
Durch manchen sanften Blick vernahm
    Ich alles was sie klagt.

Du bist mein Glück — ich bin geliebt —
    Doch wünsch' ich Dich zu fliehn;
Mein Leben mag allein betrübt,
    Und deins in Lust verblühn —

Wenn Du nicht mehr die Thränen siehst,
    Die oft dein Herz erweicht,
Die Sympathie des Kummers fliehst,
    Die sanft zum Herzen schleicht —

Vielleicht geniefst dann wieder Ruh
    Dein Freude suchend Herz;
Doch ich — Kein Wunsch für mich — lebst Du
    Nur ohn' der Liebe Schmerz.

Für diese Welt lieb' ich zu sehr,
    Häng' ganz allein an Dir,
Und hoff' drum keine Freude mehr,
    Und flieh' mistrau'sch vor ihr.

An Einsamkeit und Jammern find'
    Ich Wollust und Geschmack,
Und meine wärmsten Wünsche sind:
    Der letzte Lebenstag.

Ach dämmerte sein Morgen schon!
    Wie heiter wird er sein!
Du wirst ihm doch der Liebe Lohn
    In einem Thränchen weihn?

Ja, ja — ein Thränchen, zärtlich, treu,
    Ach säh' ich's doch! wird einst
Mein Grabmahl heil'gen — O es sei
    Das letzte, das Du weinst.

XXXIV.

Der Tag des Unglücks, ha! er ist gekommen,
Der Tag, vor dem mein Herz, in deins verwebt,
Von fern ihn sehend schon gebebt —
Er ist gekommen — gekommen
In aller seiner Grausamkeit,
Und meiner Tage Heiterkeit.
Ist nun dahin — Du wirst, Du bist mir schon
      genommen —
Der Liebe himmlisch sanftes Glück,
Ach alles — Sie ist mir genommen —,
Du, Doris, ha wo ist der Schwur,
Mich bis zum letzten Athemzug zu lieben,
Sprich, wo ist er geblieben?
Wie? oder schuf die gütige Natur
So reizend Dich, um mit so sanften Zügen
Ein argwohnloses Herz zu trügen,
Ein Herz, das sich für Doris nur
So ganz der Liebe aufgeschlossen?
 Die Thränen, die so oft für Dich geflossen,
Noch rinnen — wären dann umsonst vergossen,

Und auch die, die ich künftig wein' —
Soll alles denn verloren sein?
Die Rose, die mein Herz mehr als mein Lied vergöttert,
Da steht sie einsam, und vom Sturm
Liegt rund umher der Heckenschmuck zerschmettert,
Im Knospen vom nagenden Wurm
Schon vor dem Aufbruch halb entblättert:
Bald wird sie ganz, ach ganz
Vom mütterlichen Stengel fallen,
In Staub zerfallen —
Zwar wird ihr dort mit ew'gem Glanz,
Wo Stürme nicht die Blumenbeete tödten,
Der Lenz der bessern Welt den Busen röthen —
Doch hier für mich —
    Der Tag des Unglücks, der ergrimmt
So viel, so viel von Dir mir nimmt —
Wenn er mir auch dein Herz noch nimmt! —
Hört das auch auf ganz mein zu sein —
O Doris, Einzige, für die allein
Mein Herz so gern der Liebe Wunden
Und allen Gram der Zärtlichkeit empfunden,
Um die es oft gejammert und geweint,
Nach der es ganz allein geschmachtet,
Und alles, was unheil'ger Freude ähnlich scheint,

Gehaſst, geflohn, verachtet,
Von der Ein Blick so oft mein Wesen umge-
  stimmt —
Ha! welch ein Unglückstag, wenn man dich ganz
  mir nimmt! —

Wie tobt's in mir! wie fliefsen meine Thränen!
Sie, die, wenn meine Seele überfloſs,
So sanft gemischt mit denen,
Die Doris Aug' und Herz vergoſs,
Auf ihren offnen keuschen Busen fielen,
Wo ich sie ihr im sanften Kuſs
Abtrocknete — Haſs, Kummer und Verdruſs
Und Angst und Furienahndungen durchwühlen
Die Seele — O der Unglückstag!
Hätt' doch des Kummers kühnster Schlag
Gleich tödtlich nur mein Herz getroffen —
Ich kann, ich will, ich darf nicht hoffen —
O hätt' er tödtend doch mein Herz getroffen!
Dann wär' Elysium mir jetzt schon offen —
Hätt' er gleich tödtend mich getroffen!

Wär' ich dann nicht weit glücklicher,
Als jetzt, da ich getrennt von deiner Seite,
Dem Kummer eine reiche Beute,
Noch athmen soll — ich, den dein Herz nun auch
  nicht mehr,

Mit seines Lebens Ruh und seinem Hang im
  Streite;
Wie vormals lieben soll, der keine Wiederkehr
Mehr hoffen kann — .

  Vielleicht bist Du auch selbst schon müde
Des Kummers unsrer Zärtlichkeit — Ach schiede
Von mir Dich doch allein nur Menschentyrannei,
Mich nur der Tod! Willkommen sei
Mir dann des Grabes stiller Friede!

XXXV.

Bei manchem Kusse sanft und warm
Schloſs Doris mich in ihren Arm,
Und drückte mich ans Herz, und hieſs
Mich ihren Liebling, und ich pries
Mich glücklich — Aber ach wie schnell
Verging mein Glück, wie wenig hell
Ist jetzt mein Himmel — Dorchens Kuſs
Drückt' zwar heut' auf den Jahresschluſs
Ein heilig Siegel — doch wenn er
Der heil'gen Küsse letzter wär',
Und brächt' das morgen neue Jahr
Mehr Kummer nur und mehr Gefahr
Und meiner Lieb' nicht Stern nicht Glück —

Ha traurig sieht mein Geist zurück,
Zurück ins heut vergeh'nde Jahr,
Das oft so reich an Freude war,
In dem ich Doris Herz erhielt,
Und tändelnd oft mit ihr gespielt,

Manch Thränchen aus dem Aug' geküfst,
Wo mir ein Handdruck oft versüfst,
Was Menschentage bitter macht,
Wo wir der Thorheit oft gelacht,
Die sich mit kostbarn Mitteln quält
Um Zwecke, die der nie verfehlt,
Der aller Wünsche süfste Frucht
In Tugend und in Liebe sucht.

Schön, schön schlofs heut das alte Jahr,
Für minder fromme Liebe zwar
Nicht froh genug, doch für ein Herz
Zu kleiner Lust und grofsem Schmerz
G'nügsam gewöhnt, an Wollust reich.
Ach Doris, ach, wie mild und weich
War nicht dein Herz, und mein Gesicht
Wie glühte es von Liebe nicht,
Als Busen, Aug' und Hand und Fufs
Für dieses Jahr den letzten Kufs
Empfingen! — O wie ängstlich schlug
Dies Herz, als ich Dich seufzend frug,
Ob deine Taubenzärtlichkeit
Zu furchtsam auch den Donner scheut?
Ob Du auch ewig mein wirst sein?
Ob ich dein Herz auch ganz allein
Behalt'? Und ach wie schlug es da,

Zweit. Bändchen.

Als deiner Lippen sanftes Ja
Ertönte, und ich dieses Ja
Auch in den schönsten Augen sah! —

Du kleiner Abgott, ach vergiſs
Doch nie, wie sich so sanft, so süſs
Dein Herz einst meinem überlieſs,
Und deinen Seelenfreund mich hieſs,
Und wie ich, meines Glücks gewiſs,
Zehntausendmal mich selig pries —

So lang' mein Herz noch athmend schlägt,
Schlägt es für Dich allein, und frägt,
Ohn' Dich nach keines Lebens Glück;
Gern kehrt es in den Staub zurück,
Wenn nur ein unzerstörbar Glück,
Stolz wie dein edler Wuchs, und frei
Wie deine Stirn, sanft wie der Mai,
Von Sonnenschein und Thau beglänzt,
All' deine Tage hold umkränzt.

Vergiſs, vergiſs, ach Doris, nie,
Daſs, wenn mein Aug' nicht Sympathie
Im gleich schwermüthigen Gesicht
Mehr liest, daſs alles Schimmerlicht
Der Freude in mir stirbt — Doch Du,
Versprich Dir auch nicht süſse Ruh

Im Leben ohne Zärtlichkeit.
Ein Blick auf meine Traurigkeit
Wirft Dir dann deine Schüchternheit
Und Untreu vor — und endlich wird,
Von falschem Glanz nicht mehr verführt,
Dein Herz erwachen — und bereu'n
Grausam gewesen zu sein,
Und deine Seele wird alsdann,
Weil sie nie fühllos werden kann,
Auch leiden — Doris, ach vergiß
Doch nie die Zeit, wo ich gewiß
Dein einz'ger Seelenliebling war;
O laß das morgen neue Jahr,
Laß es dem alten ähnlich sein!

Sei ewig schön — Doch schön allein
Könnt' Doris wie Cythere sein;
So stark, so zärtlich liebt' ich nicht
Ein bloßes Graziengesicht,
Entspräch' ihr Herz dem Geiste nicht,
Und redten ihre Lippen nicht
Schön, so schön wie ihr Auge spricht,
Wenn bald aus ihm ein Thränchen bricht,
Bald los' es lächelt — schrieben nicht
Die Fingerchen schön wie ihr Druck,
Der manchen sanften Herzenszug

Mir sagte, wenn ich wortlos frug:
Liebst Du mich auch? — Ja schön allein
Könnt'st Du wie Amors Mutter sein,
Ich liebt' Dich nie mit solchem Feu'r,
Und nie wär' mir Dein Reiz so theu'r,
Dächt' nicht dein Geist stolz, edel, frei,
Schlüg' nicht dein Herz für mich getreu —

Ja, Treue macht Dich mehr als schön,
Und giebt Dir Reize, die gleich schön
Zur andern Welt mit übergehn.
Im Aug' glänzt mehr als Erdenlicht,
Wenn deine Zunge lieblich spricht:
„Ich liebe Dich, Dich nur allein." —
Auch ich lieb' Dich nur ganz allein,
Und in Elysium ohne dich
Wär' keine Seligkeit für mich;
Denn wenn Du nicht ganz glücklich bist,
Wenn Du nicht ganz die Meine bist,
Dann ist für mich nichts Seligkeit;
Dann ist auch die vergangne Zeit,
In der sich voll Begeisterung
Mein Arm um deine Schultern schlung,
Entsetzliche Erinnerung.

Fort mit der grausamen Idee,
Die mir so weh thut — o so weh —

Im alten Jahr warst Du ganz mein,
Im alten Jahr war ich ganz dein,
Und so soll's auch im neuen sein.
Ja, Doris, ewig wollen wir,
Ich mich in Dir, Du Dich in mir,
Der Tugend und der Liebe freun;
Und müssen wir hier gramvoll sein,
So krön' einst unser Märt'rerthum
Ein ewiges Elysium!.

XXXVI. *)

Elysium, Elysium!
Dein Name, die Erwartung Deiner
Macht laute Klagen stumm,
Macht Zentnerlasten kleiner,
Stimmt Erdenwünsche reiner
Zu Himmelsharmonieen um.

Wie selig ist auf Dich ein Blick,
Wie reizend malt sich schon im Bilde
Der Phantasie dein friedlich Glück!
Ha wohl mir, mir ist jeder Blick
Auf Doris Aussicht in elysische Gefilde.

Das Thränchen, das ihr sanft entfließt,
Ist gleich dem Bach, der sich durch ewig grüne
Felder

---

*) Nach einer Vorstellung des von *Schweitzer* componirten *Elysium*.

Mit perlendem Geräusch ergießt;
Ihr seidnes braunes Haar malt jene Myrtenwäl-
    der,
In deren Schatten sich die Seligen ergehn;
Auf ihren Wangen blühen zum Entzücken
Die Rosen, die dort die Gesträuche schmücken,
Und ihre Röthe ist gleich jener Knospen schön;
Die Hügel, die dort ewig Blumen schmücken,
Seh' ich in Herzenswallungen,
Die ihres Busens Reiz erhöhn;
Der Himmel, der mit heitrerm Glanze
Dort lächelt, strahlt im Auge, wenn es lacht;
Und wenn ihr schlanker stolzer Wuchs im Tanze
Zur Muse sie, und zur Aglaja macht;
Dann seh' ich jene frohen Reihen,
Wo Chöre Seliger sich ihrer Unschuld freuen.

 Elysium, Elysium!
 Dein Name, die Erwartung Deiner
 Macht laute Klagen stumm,
 Macht Zentnerlasten kleiner,
 Stimmt Erdenwünsche reiner
 Zu Himmelsharmonieen um.

Ha Doris, wenn mein Schatten einst,
Sobald Du nur am Lethe auch erscheinst,

Den ewig grünen Kranz Dir aufzusetzen,
Froh Dir entgegen wandeln wird,
Wirst Du ihn auch mit seligem Ergötzen,
Voll Treue, die im Turteltäubchen girrt,
Dem auch sein Liebling starb, umfangen,
Und ganz, ganz an ihm hangen,
Und jenes unaussprechliche Verlangen,
Das hier in meiner Seele wallt,
Wenn deine reizende Gestalt
Vor mir erscheint, so warm wie ich empfinden?
Und wenn Du nach den stillen Gründen,
Wo ewiger Gesang von Frühlingshügeln schallt
Einst vor mir gehst, und in den stillen Gründen
Den Kranz für Dich, und einen Kranz
Um eines andern Schattens Haupt zu winden
Empfängst, wirst Du den Kranz —
Ach ja, ich werd' ihn noch in Doris Händen
    finden!
Im Herzen Gluth, im Auge Himmelsglanz,
Wirst Du ihn dann um meine Scheitel winden.

 Elysium, Elysium!
 Dein Name, die Erwartung Deiner
 Macht laute Klagen stumm,
 Macht Zentnerlasten kleiner,

Stimmt Erdenwünsche reiner
Zu Himmelsharmonieen um.

Ach Doris, wer von uns zuerst dem Thale
Der Seligkeit sich naht, der leere nicht die
Schale
Aus Lethens Fluthen eh'r, bis der erscheint,
Der auf der Erde noch des andern Grab be-
beweint —
Ich werde nicht die erste Schale leeren;
Denn selbst der Leiden vor'ger Zeit,
Weil sie auch zu der Liebe mit gehören,
Mit der wir uns geliebt, und ihrer Grausamkeit
Gedenk' ich gern so lang', bis lautre Seligkeit
An deiner Seite mich umgiebt;
Dann aber will ich gern sie leeren,
Doch ohne den Gedanken zu zerstören,
Daſs wir uns auch schon hier so unschuldvoll
geliebt.

Elysium, Elysium!
Dein Name, die Erwartung Deiner
Macht laute Klagen stumm,
Macht Zentnerlasten kleiner,
Und stimmt die Herzenswünsche reiner
Zu Himmelsharmonieen um.

Dort, dort wird uns die Liebe segnen,
Kein schrecklicher Gedank' an Trennung mehr
begegnen,
Um uns, und in uns wohnt dann Ruh:
Zum Myrtenhain, ins Thal zu blumigen Gestaden
Wird uns dort ew'ger Frühling laden;
Und wo ich bin, da bist auch Du,
O Du, mein Glück, mein Heiligthum,
Und wo Du bist, ist Schönheit, und Elysium —

XXXVII.

Noch strömt unschuld'ger Wollust Schau'r
Warm, wie ich sie an deiner Seite fühlte,
Durch meine Seele — O wie hielte,
Mein Arm Dich fest, und dennoch war die Dau'r
Des Glücks so kurz, so himmlisch schön!
Mit allen deinen Reizen spielte
Dein Liebling; auf die Busenhöh'n,
Auf Stirn und Augen, auf die Rosenbacken,
Auf Haar und Schultern, auf den weißen Nacken,
Auf Perlenzähne, und auf alle Fingerchen
Der weichen Hände regneten
Viel hundert Küsse. Zärtlich, voll Erbarmen,
Ließ Doris ihre Kniee mich umarmen,
Und hob mich dann sanft wieder an ihr Herz.
Gedanken an vergangnen Schmerz
Begeisterten zu höhern Freuden,
Und die Erinnrung vor'ger Leiden

Verschmolz im Feu'r des frohen Augenblicks:
Wir waren beide Lieblinge des Glücks.

Tausend schmeichelnd schöne Namen
Gab sie mir, auf meinem Schoofs;
Tändelnd ward das Halstuch los;
Und kaum war der Busen blofs,
O da kamen, o da kamen
Liebesgötter klein und grofs,
Um die Knöspchen auf den Höhen
Ihres Busens blühn zu sehen.

Doch ihre Augenlust verschwand
Sehr schnell: Ein Knöspchen deckt' ich mit der Hand,
Und Eins verbargen meine Küsse.
O wie beneideten die kleinen Wesen mich!
Ich aber athmete cytherisch süfse,
So lang' entbehrte Freude; und wie sich
Die Götterchen an alle ihre Reize hingen,
Wie blüh'nde Geifsblattranken sich
Vertraut um ihr Geländer schlingen,
So schlang sich Dorchen auch um mich,
Und küfste mich, und freute sich,
So warm, so sanft gerührt wie ich,
Der ersten neuen Frühlingsstunde

Nach langer, langer Winterfinsterniſs,
Und schwur wie ich dem Bunde,
Den bis hieher kein Gram, kein Schmerz zerriſs;
Jenseit des Grabes selbst noch treu zu bleiben.

   Ha Doris, welch ein Himmelsaugenblick!
   Trost bracht' er in mein Herz zurück.
   O möcht' doch seinen Trost, sein Glück
   Nur wieder nicht so bald ein neuer Sturm
                  vertreiben!

XXXVIII.

So bringt man mich, so bringst Du selber mich
Um Dich — ach Gott! um Dich!
Dein Angesicht schien heut wie ein Gefilde
munter,
Wenn es dem Lenz entgegen lacht;
In Sonnenglanz gekleidt war deiner Reize Macht
Schön wie der Himmel, wenn Aurora aufge-
wacht —
Doch mir — mir geht die Freudensonne unter;
Nacht, schwärzer noch wie der Chenillenrand,
Der um dein Atlaskleid und deinen Hals sich
wand,
Bricht ein, und Morgenglanz darf ich nicht mehr
erwarten —

Das Röschen, das an meine Brust sich bog,
Aus dem ich Wohlgeruch in tausend Küssen sog,
So treu von mir gepflegt in meinem Garten,
Ach Gott — den ganzen Rosenstock
Reifst man aus meinem Garten!

Und Du, Du selbst bist grausam g'nug,
Auf meinen Blumenbeeten,
Die Blümchen, die der Sturm zwar oft schon nie-
   derschlug,
Doch nie getödtet, unbarmherzig zu zertreten.
Ach Dorchen, sieh die Blümchen an:
Ist nicht ihr Duft noch lieblich im Verwelken?

 Die Rosenknospen und die Nelken,
Die einst an deinem Busen hinzuwelken
Das schöne Schicksal hatten, und die dann
Aus deiner Hand dein Freund bekam, sie bleiben
Bei mir noch jetzt sorgfältig aufbewahrt,
Mit manch geschriebenem: i c h l i e b e D i c h, ge-
   paart,
Ein heil'ger Rest für mich. Ach Doris, bleiben
Die Blümchen, welche dort die Flur geschmückt,
Die mitleidsvoll sich jetzt nicht mehr mit Veilchen
   stickt,
Ach bleiben sie auch Dir noch heil'ge Reste?

 Du meiner Seelen Abgott, Edle, Beste
Und einst ganz Meine — so verlier' ich Dich —
Stolz wie Diana wendet sich
Dein Herz von Paphiens Altären.
Doch wird es auch, von mir jetzt abgewandt,

Zu ihren Tempeln nie, nie wiederkehren,
Und einst, jetzt mehr mit Amors Schmerz bekannt,
Auch nach dem Nektar seiner Lust begehren? —
O säh' ich es doch nie — o hört' ich's nie!

Schon Elend g'nug den Freuden zu entsagen,
Den sanften, süfsen Freuden, die
Das heilige Gepräg der Unschuld tragen,
Und allein Lebensglücke zu entsagen —
Ach Doris, Grausame — und auch zu klagen
Verbeutst Du mir? — Wie einsam werden sie
Die Kinder meiner Schwermuth rinnen,
Bis endlich das Gefühl der Sinnen
Stockt, und vergeht! —
Doch ach! bis dies Gefühl der Sinnen
Der Tod zu sel'ger Fühlbarkeit erhöht,
Was noch für schreckliche Prospekte!

Geliebte, ja, noch nennt mein Herz Dich so.
Macht gleich der Blick auf Dich, der sonst ely-
  sisch froh
Ganz unaussprechliche Empfindungen erweckte,
Mich jetzt nur tiefer noch betrübt —
Ach Gott! ich soll Dir nicht mehr sagen,
Dafs Dich mein ganzes Wesen liebt!
Wo flieh' ich hin? Dein Bild ist überall — Wer
  giebt
                                    Mir

Mit Trost? Du wirst nicht mit mir klagen:
Diefs war mein Trost — diefs war mein Sonnen-
                licht
In allen schwarzen Kummertagen.
Du willst jetzt nicht mehr sympathetisch klagen,
Wenn Kummer meine Seele bricht!
O welche Nacht wird mich umtrüben!
Mit rabenschwarzen Flügeln schwebt
Sie über mir: die Seele bebt!
Denn die, für die stets meine Seele lebt,
Die auch bisher für mich allein gelebt,
Verbeut mir sie mit aller Gluth zu lieben,
Und wird vielleicht mich bald — gar nicht mehr
                lieben —

XXXIX.

Verlassen sollt' ich Dich? Dich, Dich sollt' ich
vergessen?
Auf alles thut dein Herz Verzicht?
Nein, nein, so grausam, so vermessen
Dacht' meine Seele nie, denkt sie auch ewig
nicht —

So lang' noch deiner Blicke Einer
Der unaussprechbarn Sehnsucht feiner,
Schuldloser Zärtlichkeit entspricht,
So lang' **verlaſs' ich Doris** nicht;
Und wenn auch dieser Blicke keiner
Mehr meine Kummerwolken bricht,
O so **vergeſs' ich Dich** doch nicht —

Ja, Doris, wenn ich je die sieche Blässe,
Die von der Seele tiefen Leiden spricht,
Wenn ich die Thränen, die der Augen Sonnen-
licht
Mit Abendroth umziehn, vergesse,

Vergeſſ' ich je, wie dein verhärmt Gesicht
Sanft lächelt, und auf deinen Wangen
Ein Röschen wieder blüht, wenn dem Verlangen
Der Liebe nur Ein schöner Augenblick entspricht,
Dann denk' auch einst der Himmel meiner nicht.

Doch Du, ach Du wirst mich verlassen —
Wie heftig wallt bei der Idee mein Blut!
„Auf alle Lebensfreuden, ja auf Alles thut
„Mein Herz von nun an ganz Verzicht."
Ha, sprich, wie konnt' dein Herz je den Gedan-
  ken fassen?
Verzicht auf Alles? Schau'rte nicht
Ein Vorwurf durch die Seele? Bebten nicht
Die Finger Dir, als sie die Zeile schrieben?
Und das Gelübde, bis zum Grabe mich zu lieben,
Wo blieb es? Doris, Doris, dacht' dein
  Herz
Im ganzen Umfang den entsetzlichen Gedanken?
Durchdacht' es ihn? o dann, dann muſs vor
  Schmerz
Mein Herz verzweifeln — Nein, den schrecklichen
  Gedanken
Hast Du unmöglich ganz gedacht.
Mein Kuſs, die Wehmuth meiner Liebe mache

Noch immer Eindruck auf dein Herz, und darum wanken
Die Säulen nicht, auf die sich meine Hoffnung gründ't.
Laſs uns nur endlos still uns lieben. Wenn die Schranken
Des Lebens endlich durchgelaufen sind,
Dann wird in einem andern Leben,
Der Gott, der selbst ganz Liebe ist,
Den Preis der Treue und Geduld Uns geben —

Mit stürmisch kaltem, nassem Schauer überfährt
Der Herbst die Erde, und zerstört
Den Ueberrest einst blüh'nder Jahreszeiten;
Die Erde, die im Lenz den Veilchenschmuck genährt,
Im Sommer Rosen und Levkoyen kleidten,
Erstarrt dann, und hüllt überschneit
Vom Winter, scheinbar todt, sich in ihr Unschuldkleid;
Doch untödtbar in ihrem Schooſs bewahret
Sie jenen Keim, der, wenn der Lenz erwacht,
Wenn auf der Flur bei sternenheller Nacht
Sich Amor mit den Huldgöttinnen paaret
Und Liebesglück aus allen Wesen singt,
Mit eigner Kraft ihr alle Reize wiederbringt:

So laſs uns auch den Keim der Liebe aufbehalten;
Auch unsre Tage können frohere Gestalten
Gewinnen — Wohl uns dann,
Wenn aus dem Keim, den hier nicht Thränen,
Nicht Menschenhaſs ersticken können,
Ein Leben, dessen Reiz ein Herz nur denken kann,
Das so wie unsres denkt, noch hier entsprieſset,
Und mit dem Glück die Lebensscene schlieſset,
Mit dem die Liebe uns schon manchen Gram ver-
süſset.
Wohl uns, wenn auch aus ihm der Freudenquell
entspringt,
Der einst Triumph und Lohn der Unschuld bringt —

XL.

Ha stolze Sterbliche,
Schwing Dich nur auf zur steilsten Tugendhöh':
Ich, der im kummervollen Thal der Liebe steh',
Blick' auf zu Dir, und schwindle vor der Höh',
Auf der ich Dich, Dich, meine Doris, seh'.
Doch Du, selbstgnügend Dir, stolz auf den Adler-
    flug,
Der Dich auf wüste kalte Felsen trug,
Du siehst, vielleicht mit einem kleinen Rest
Von Menschlichkeit, nur noch auf den herab,
Den jetzt dein Herz so hart verläfst,
Als es einst sanft sich ganz an ihn ergab;
Noch wandelt Dich nicht der Gedanke an,
Dafs, selbst beim sichersten Beruf zum Engelwer-
    den,
Kein sterbliches Geschöpf schon hier auf Erden
Die Menschheit ganz verläugnen kann.

Zerbrochen liegt zwar da der Bogen,
Von dem in unser Herz viel tausend Pfeile flogen:

Allein umsonst ist dein Bemüh'n,
Sie alle aus dem Herzen g a n z zu ziehn;
Wie mancher wird im Ausziehn brechen!
Den neuen Pfeilen willst und wirst Du zwar
．．．．．．．．．．．．．．．．．．．．．entfliehn:
Wird Amor aber sich nicht durch die alten
．．．．．．．．．．．．．．．．．．．．．rächen?

Sieh nur, an deiner weifsen weichen Hand
Hängt noch die Kette, die uns band:
Zerrissen hast Du sie; allein dein Arm wird sich
Nie ganz entfesseln — ihr Geklirr wird Dich
In deiner schmeichelnden Betäubung stören;
Dann wirst Du Seufzer mich ersticken hören,
Die Thränen stumm verbergen sehn,
Und abgebrochne Pfeile werden dann im Herzen
Dich mehr als neue Wunden schmerzen.

Wirst Du auch dann noch, stolze Sterbliche,
Von deiner jähen Tugendhöh'
Nur mitleidlächelnd auf mich blicken?
Wird das Gefühl, das menschlich hohen Schmuck
Hier deiner Tugend gab, Dich den zu kühnen Flug
Auch dann noch nicht bereuen lassen?
Wirst Du dann nicht die leere Stille hassen,
Die rund um deinen Felsthron ruhn,

Dem, der Dich ewig liebt, nicht wohl zu thun
Dir mehr vergönnen wird? O steig' herab,
Verlaß den Plan von Menschheit zu entarten —
Ein Rückfall sanfter Gluth stürzt Dich vielleicht
     herab;
Erwart' den Sturz nicht — steig' herab
Ins Thal des Kummers, wo sein Grab
Dein Freund erwartet — steig' herab,
Und komme lieber, auch Dein Grab
An deines Lieblings Seite zu erwarten.

XLI.

Hell überglänzt der Mond und der Gestirne Heer
Die abgestorbne Gegend rund umher,
Und wie ihr Schimmer, bleich und milde,
Ist auch die Wintermiene der Gefilde,
Wenn gleich der Nord laut um die Fenster rauscht,
Und im Gemäu'r auf sternenlose Nächte
Minervens wacher Vogel lauscht.
    Wohl dem Gefild', so lang' das Grauen schwarzer Nächte
Sich wider Sonn' und Mond und Sterne nicht empört,
Und nicht die alten Anspruchsrechte,
Dem Aug' und Herzen zu gefallen, stört;
Doch weh' ihm, wenn ums Fenster Stürme heulen,
Indem die nachtbegier'gen Eulen
Den traur'gen Sieg der Finsternisse heulen!
    Als Ostens Weisen nur Ein Stern erschien,
Da blieb der Wallfahrt Ziel für sie nicht mehr verborgen:
Der Schiffer sieht den fernen Pharus glühn,
Und fängt an weniger den Schiffbruch zu besorgen.

Im Kummer gleicht die menschliche Natur
Der mondberaubten Winterflur,
Den Weisen ohne Stern, dem Schiffer ohne Leuchte;
Und weh dem Sterblichen, aus dessen Brust der Gram
Die Dämmerung, die noch von Hoffnung kam,
Mit tödtender Gewalt verscheuchte!
Noch schimmert' um mich schwaches Abendroth,
Zu dreist hielt ich's bei Doris letzten Küssen,
Bei ihrer Augen letzten Thränengüfsen,
Gelehnt an meine Brust, für sanftes Morgenroth —
Wie nah, wie schrecklich aber droht
Jetzt schon die tiefste Nacht! Der Dämmrung Flügel
Verbreiten trüb' sich über meine Hoffnungshügel,
Cytherens goldner Stern, der einst so lieblich schön
Uns glänzte, ist mir noch nicht aufgegangen —
Vergönn' ihm, Doris, aufzugehn.
Mein Busen schmachtet seine Strahlen aufzufangen,
Vergönn' ihm, Doris, aufzugehn.
O laſs das kleine Herz von schimmerreichen Steinen,
Das sonst nur bloſs zum Schmuck

Dein weißer Busen trug, als meiner Liebe Mor-
  genstern mir scheinen,
Und ewig bleibe dann in unsern Seelen Tag.
  Ha! säh' ich es doch schon, das kleine Herz
  von Steinen,
Bewegt durch einen Herzensschlag,
Mir winken, trostlos nicht zu weinen!
Ha, Doris, morgen ist der Tag,
An dem das kleine Herz von Steinen
Mich heißen wird, nicht mehr — vielleicht auch
  ewig weinen.
Ach morgen kommt die Stunde des Gerichts,
Die Alles wiederbringet oder Nichts —
Was bringt sie? Sonnentage? oder schwarze
  Nächte —
Du weißt mein Schicksal schon — O brächte
Es meiner Liebe einst empfundnes Glück,
Ach, brächt' es Dich ganz mir zurück!
Säh' ich doch morgen nach so langen, langen
Mondlosen Abenden, von Liebesfreuden fern,
Im Herzchen um den weißen Hals gehangen,
Und heller Dir im Aug', der Liebe Sonnenstern,
Mir ew'ges Glück verkündend, aufgegangen!

XLII.

Ich sah das kleine Herz von Steinen,
Wie es am weifsen Halse hing,
Und jeden Strahl von seinem Glanz empfing
Mein Herz als ein Gebot, nicht mehr zu wei-
   nen.
Ha Doris, welche Freude hob
Mein Herz, und welch ein Dank, welch Lob
Für dein wohlthätiges Erbarmen!
Von Wünschen, bald in deinen Armen
Mein Glück ganz aufgeblüht zu sehn,
Floſs die gerührte Seele über,
Stolz hob sie sich empor, und lieber
Als alle Perlchen, die so schön
Den Lockenbau umschlängelten,
War mir das kleine Herz von Steinen.
Wie wünscht' ich auch, das Stellchen, wo es hing,
Von wo der Trost in meine Seele ging,
Der Freude Wollust dankbar hinzuweinen! —

Doch ach! das kleine Herz von Steinen
Hing da — allein im Auge war kein Herz,
Von deinen Lippen floß für mich zehnfacher
Schmerz,
Ihr Laut zertrümmerte das himmlische Gebäude
Glanzvoller Hoffnungen und unbescholtner Freude!
Mein Sterben ist dein Wunsch; nur deine Hand
Will sich den kühnen Stoß ersparen —
Erspar' ihn nur der schönen Hand:
Den Vorwurf über ihn wirst Du Dir nie erspa‑
ren.

War's Mitleid, das den Dolch Dir aus den
Händen wand?
Glaub mir, dieß Mitleid macht Dich einst errö‑
then:
Die höchste Grausamkeit ist oft Nicht tödten.
Wie? oder war's die Hoffnung, einst
Das Herz, mit dem Du doch noch sympathetisch
weinst,
Von Dir zu scheuchen, zu entwöhnen,
Und mit der Welt es wieder auszusöhnen?

Vergebne Hoffnung — Du allein
Nimmst ewig dieses Herz ganz ein;

Es war zu sehr und bleibt auch Dein,
Um ohne Dich je froh zu sein.
Tödt' immerhin in Dir den Funken
Der Liebe — laſs dein Auge nie
Mehr liebevolle Sympathie
Zu meinem reden — tief versunken
In Kummer schleich' mein Leben — flieh,
Flieh mich, es mal' die Phantasie
Dir nie zur Störung deines Schlummers
Die Bilder meines ew'gen Kummers —
Kehr' nie die weiſse Hand mehr um
Zum Druck bei seelenvollen Küssen,
Der kleine nette Fuſs sei ewig stumm,
Und laſs mich nichts von deinem Herzen wis-
sen,
Vergiſs mich ganz — Mein Herz vergiſst
Dich ewig nicht, und ewig ist
Es dein — will ohne Lohn Dich lieben,
Und sich um dein verlornes Herz betrüben;
Nur, Doris, fodre nie von mir,
Dir selbst den kleinsten Theil von Dir
Zurück zu geben, und von alten kostbarn Rech-
ten
Auch nur das allerkleinste Recht
Kühn wider jeden Abzug, der es schwächt,
Nicht bis zum Sterben zu verfechten —

Doch, wenn dein Herz wie deine Lippen
spricht,
Wenn diefs nicht selbst für meine Rechte ficht,
Wohlan — dann will ich selbst den täuschenden
Propheten
Der Liebe — aber meine Liebe nicht,
Ja, ja, dann will ich alle Hoffnung tödten
Durch das entsetzliche: **Sie liebt dich nicht.**

XLIII.

Mit tausend, tausend geist'gen Küssen,
Und mit dem wärmsten Herzergüssen
Werf' ich mich, Doris, Dir zu Füſsen,
Wenn aus dem Aug' der kleine Zorn Dir blickt,
Der meinen feinsten Stolz entzückt.
Denn Augen, halb nur aufgeschlagen,
Und Fingerchen, die auch zum sanften Drucke
sich
Nur halb bequemen, o die sagen
Oft lauter als der Mund: Ich liebe dich.
Mein fühlbar Herz beflügelt sich
Von solchen halb entwandten Blicken,
Von solchem halb entzognen Händedrücken,
Zu unaussprechlichem Entzücken,
Und das Bewuſstsein seiner Unschuld schafft
Ihm innres Lob. Das Aug', das Händchen, das
so straft,
Spricht ja: "Ich bin ganz dein, und der Gedanke,
"Daſs dein Herz auch nur Ein Minutchen
wanke

Und

„Und nicht ganz Dorchens sei,
„Empört mein Herz, das zärtlich und getreu
„Auch deins nicht theilen will." — Ach Doris,
theilen
Kann nie sich dieses Herz: es lebt, es stirbt Dir
treu,
Und kennt den Leichtsinn nicht, der, um den
Schmerz zu heilen,
Nach Mitteln greift, die eine Gluth entweihn,
Bestimmt sein Lieblingstrost zu sein
Im Augenblick, wenn einst die Augen brechen,
Und nur den Einen Wunsch noch sprechen,
Von Doris zugedruckt zu sein.

XLIV.

Auch Thränen fliefsen heute nicht,
Den Gram des Herzens zu erleichtern;
Umsonst verdoppelt der Verstand sein Schlufsge-
    wicht,
Vergebens sucht das lachende Gesicht
Des Umgangs ihn mit seinen seichtern
Trügbaren Künsten zu erleichtern.
Das liebeskranke Herz verschmäht
Den schalen Trost, er kommt zu spät,
Und nichts, ach, nichts ist mehr zu retten.
Ich sehe Gram an Gram sich ketten,
Und alle alle Ruhe flieht,
Und wird für mich nicht wiederkehren.
Die Seele, die vom Durst der Liebe glüht,
Und ihrer Seligkeiten Kelch zu leeren
Sich wünscht, muſs auch den Hoffnungswest,
Der Kühlung um die heiſsen Wangen bläst,
Ach alles muſs sie jetzt entbehren,
Und sich in ruhelosen Schwärmerein
Beim Wunsch bald körperfrei zu sein
In stummer Einsamkeit verzehren. —

Denn aufser der Idee, dafs aller Schmerz
Nur sterblich ist, und dafs das Glück zu lieben
In jene Welt uns folgt, ist für diefs Herz
In dieser Welt kein Trostgrund mehr geblieben.
Ja, Doris, um auch dort Dich noch zu lieben,
Trägt meine Seele in Geduld ihr Leid,
Und seufzt und fleht um deine Zärtlichkeit,
Und will für sympathet'sche Zärtliehkeit
Sich gern bis in den Tod betrüben.

LXV.

Was suchst du Lindrung für den Schmerz,
Der deine Brust beklemmt? Ein Herz,
Dem Amor tief den Keim zur Krankheit eingeleget,
Verschmäht die Kunst, die Kräuter pflückt,
Und, wenn ihr nur des Körpers Rettung glückt,
Nichts nach der Seelen Heilung fräget.
Was hilft's, wenn es nicht in der Brust mehr
    sticht
Und frischres Roth die Wangen Dir umstrahlet,
So lang' die Miene, die von Freude spricht,
Das Herz mit Seufzern still und theu'r bezahlet?
Die Winterblumen, die die Kunst erzwingt,
Gefallen zwar; doch nur die, die der Frühling
    bringt,
Umblühet wahrer Reiz — der Wangen ächte
    Röthe
Wallt nur aus glücklicher, zufriedner Brust
    empor —
Weg mit entweihendem Theaterflor —
Mein Schmerz sei zehnfach, ja er tödte,
Er tödte mich, eh' ich mir eine Linderung

Von Künsten bettle, die den Schwung
Des Geistes nach ruhvollen Welten hindern,
Und hier nicht seine Qualen mindern —

Ach Dorchen, ach! dein Blut soll heut
Aus deines Armes Adern fließen —
Wird auch kein Tropfen, den ein Fünkchen Zärt-
lichkeit
Für mich erwärmt, aus offner Ader fließen —
Sprich, wird des Arztes Grausamkeit,
Wird sie den Brustschmerz dir versüßen?
Könnt' Er es — weh mir, weh mir dann —
Wenn tausend laut und still geweinte Thränen
Mir nur ein Herz gewinnen können,
Das sich mit Frühlingskuren heilen kann!

LXVI.

Der Lenz naht sich, und Veilchen blühn
An Hügeln, die der Märzschein wärmet,
Um Quellen sproſst ein zartes Grün,
Der neu beschwingte Zephyr schwärmet
Sanft durchs frisch aufgebrochne Grün
Aus Gräbern wachsender Hollunderäste.
Ein Freudenton herrscht überall,
Die Lerche singt von ihm, der Fall
Des Bachs lockt Vögel in das Thal,
Ihr Lied und sein Geräusch bereiten zu dem Feste
Der Lenzerscheinung aller Menschen Herz;
Nur meines nicht — dem kann kein Lenz erscheinen:
Zwar wird mein Aug' ihn sehn, doch nur bei stillem Schmerz
Den äuſsern Eindruck selbst gleich wieder zu verweinen.
Auf einsam blüh'nde Veilchen rinnt
Schon jetzt ein Thränchen — könnt' ich die für Dich gepflückten,
So naſs wie sie vom Thräuenthaue sind,

Dir reichen! — Als einst Lenz und Liebe uns beglückten,
Wie glücklich war nicht jener Tag,
Als wir hier Veilchen für einander pflückten!
Am kleinen Erdwall, Veilchen suchend, lag
Mein Mädchen, sie die Rose untern Schönen,
Stolz, lieblich, und warf Veilchen, die ich las,
Sich in den Busen — Doris, solche Scenen
Sind ausgespielt — Hier, wo ich bei Dir saſs,
Und über deinem Reiz des Frühlings Reiz vergaſs,
Hier sitz' ich einsam, und vergesse,
Wenn ich des Frühlings Lust mit meinem Kummer messe,
Daſs rund um die Natur erwacht,
Blüht, duftet, singt und lacht,
Und fühle, ganz vertieft in meine Winternacht,
Daſs Lenz und Liebe alles, nur uns nicht glücklich macht.

XLVII.

Wie schön der Morgen heut erwacht!
Von Frühlingsblicken angelacht,
Glänzt er mit hellen Purpurstrahlen
Die Gegend an, die, winterdurch entwöhnt
Von Harmonie, jetzt von Gesang durchtönt —
So ließ er sich von Kleist und Titian einst ma-
   len!
So sah ihr Herz, so sah ihr Auge die Natur,
Wenn sie das Morgenroth und eine Frühlings-
   flur
Der Nachwelt unvergänglich malten —
Doch hätt' ich auch den Schöpfergeist,
Mit dem einst Titian und Kleist
Für Aug' und Herz bezaubernd malten,
So säng' und malt' ich doch den heut'gen Mor-
   gen nicht:
Ich säng' und malte dann das himmlische Ge-
   sicht

Des Mädchens, das sein Graziengesicht
Für mich heut malen läſst — O möcht' doch
                        nicht
Ein einz'ger Zug der Kunst entgehen!
Träf' sie doch alle sprechend schön,
Wie sie mir stets vorm Geistesauge stehen!

  Sieh doch den Künstler ja recht heiter an,
Dein Blick begeistre ihn mit seinen Feuerstrah-
       len,
Dein Aug' so meisterhaft zu malen,
Als die Natur es schuf. O Künstler, schau es
      an —
Ihr ganzes Angesicht ist Seele —
Biet' auf die Kunst. O Kunst, verfehle
Den Einfluſs seines Anblicks nicht,
Und mal's im Augenblick, wenn seine Mienen
      sagen:
„Treu ist mein Herz, wenn es zum Freunde
      spricht:
„Ich liebe dich, drum sei auch dieſs Gesicht,
„Das ihm, so oft er's sieht, ich liebe dich, zu
      sagen,
„Sich zeichnen läſst, nicht minder treu;
„Ihm sage die Copei

„Des mild ihm lächelnden Gesichts,
„Wenn er sie küfst und ansieht, nichts
„Was im Original nicht Herz und Blick auch
sagen."
Versäumte doch die Kunst den Zeitpunkt nicht,
Wo diefs die schönsten Augen sagen,
O möcht' sie alles doch, was dieser Sprach' ent-
spricht,
Mit Farbenschmuck warm ins Gemälde tragen!

LXVIII.

Wie sehr hat nicht die Kunst des Urbilds Reiz
    verfehlt,
Wie wenig dein Gemäld' mit jenem Geist beseelt,
Des Anzugskraft sich rund um Dich verbreitet!
Wie wenig blickt aus ihm von jener Heiterkeit,
Die deiner Augen Stolz begleitet,
Und mild ins Herz wie Thau in Rosenbusen glei-
    tet! —
Ich suche nach der süfsen Freundlichkeit,
Die, wenn der stärkre Zug des Lachens schon
    vergangen,
Sich Dir um Mund und Aug' und Wangen,
Wie Abendglanz des schönsten Tags im Mai
Um Frühlingsgegenden, ergiefset —

Weg mit der feinsten Schmeichelei,
Die Kunst den Künstler lehrt, dem Urbild unge-
    treu
Den Blick zu täuschen, und wobei
Das Herz den Zauber der Natur vermisset!

Ich will Dein Graziengesicht
Ganz wie es ist: mit allen seinen Zügen
Soll's einst, von Dir entfernt, mir Schatten von
Vergnügen
Erschaffen, und den Gram in Ruhe wiegen —
Sei's auch nur falsche Ruh und falscher Schat-
ten nur,
Die beim Gedanken an urbildliche Natur
So schnell vergehn, wie Regenbogen,
Sobald ein Wölkchen sich der Sonne vorgezo-
gen.

XLIX.

Von Himmelsglanz war es umstrahlt,
　　Dein lächelndes Gesicht:
Giebt's eine Kunst, die alles malt,
　　Was solch ein Antlitz spricht?

Geschmückt von Grazien faſs Dir
　　Ihr Aug' Idalia;
So schön, wie je ein Bild von ihr
　　Der gröſste Künstler sah.

Der Lippen Purpur hob noch mehr
　　Das Weiſs der Perlenreihn;
Die Stirn wie glatt, wie sorgenleer!
　　Der Wangen Roth wie fein!

Die kleinen Nischen um den Mund,
　　Geformt durch Amors Hand,
Der, siegsgewiſs, am Federbund
　　Auf einer Locke stand.

Vom vollen Busen floſs herab
　　Das himmelblaue Band,
Schön stach zur Lilienhaut es ab,
　　Und schön zum Schneegewand.

Demüth'ge Veilchen hingen da
　　Welk an der keuschen Brust,
Der Lebensquelle, die ich sah
　　Und fühlte, unbewuſst.

Zu schön für euch ist solch ein Grab,
　　Sterbt, dacht' ich, fern von ihr:
Stürb' ich einst da! und Dorchen gab
　　Da Hand und Veilchen mir.

Die feinen weiſsen Fingerchen
　　Umtändelten mein Kinn,
Ihr Druck, unwiderstehlich schön,
　　Riſs Leib und Seele hin.

Gott, welch ein himmlisches Gesicht!
　　Welch edler süſser Blick! —
Die Kunst — traf sie ihn gestern nicht,
　　Wer weiſs kommt er zurück!

Das Urbild ist sanft, edel, frei,
    Stolz, geistreich, schalkhaft, froh:
Freund, manchen Zug trafst du getreu,
    Triff auch das Ganze so.

Wie Zeuxis Helenen, so mal'
    Für Friedrichs Gallerie;
Mir aber diefs Original;
    Ich fodre nichts, als Sie.

Doch wenn Du nicht treu bist, wie ich,
    Und ganz mein Geist Dich füllt,
So — doch die Kunst trifft nie für mich
    G'nug meines Dorchens Bild.

L.

Du treues Bild von mir, wie neidenswerth bist du!
Du eilst den schönsten Händen zu,
Und an dem Tag, da dein Original
Mit heifsem Arm zum erstenmal
Sie fest umschlofs, wird sie ans Herz dich drükken,
Und da wirst du ein Bild von mir erblicken,
Mir noch weit ähnlicher als du.
Denn so wie Kunst und Freundschaft sich vereinten,
Um dich zu malen, so vereinten
Sich Liebe und Natur, diefs Bild,
Das, wenn es recht die Seele füllt,
Auch Doris Augen nicht verläugnen,
Genau und meisterhaft dort einzuzeichnen.

Und so lang' wirst du auch nur zärtlich an-
geblickt,
Bei sanfter Tändelei geküßt und hoch geprie-
sen,
Als dieses geist'ge Bild nicht von dem Stellchen
rückt,
Das ihm die Liebe angewiesen.

LI.

Da hast Du ihn zum ersten Mai,
Den Dichter, der so fein, so treu,
So zaubrisch reizend und so milde
Die Unschuld und die Lenzgefilde
Und alle Herzgefühle sang.

Es dringt der klagenden, der muntern Philomele
Gesang viel tiefer in die Seele,
Und hat für sie weit höhern Werth,
Wenn Gefsners Lied ihr Lied erklärt,
Und jeder, der es liest, erfährt,
Dafs Liebe und Natur die Schöpferinnen
Des wahren Lebensglückes sind.

O Du, die die Natur für meine Sinnen
Noch schöner macht, durch die Cytherens Kind
Unwiderstehlich starke Kraft gewinnt,
O Du, in der die Charitinnen

Mein Aug' und Herz vereinigt findt,
Nimm ihn, den Freund der Huldgöttinnen,
Den dein Geschmack schon sonst so reizend fand,
Mit in die Einsamkeit — Im Geist geh Hand in Hand
Mit ihm und mir durchs stille Dorf, und suche
Dir einen kleinen Bach und eine schatt'ge Buche
Und blüh'nden Klee, und lies ihn da;
Vergleiche, was Du siehst, mit dem, was Gefsner sah,
Und das Gefühl, das seine Saiten spielen,
Mit dem, was deine Seele fühlt,
Wenn Zephyr unterm Hut in braunen Locken wühlt,
Und wenn, Dich vom Spaziergang abzukühlen,
Der West vom Busen Dir das Tuch gesäuselt hat,
Und dann ein zartes Buchenblatt
Dir auf den Nacken fällt, und Dich ein kleines Schrecken
Durchschau'rt — O möchte doch das abgefallne Blatt
Gedanken an den Tag erwecken,
Als ich nach einem Mittagsschlaf
Im weifsen Neglige Dich traf,

Um deine Liebe bat, so manchen Kuſs mir nahm,
Und E i n e n — ha welch einen Kuſs! bekam;
Den Kuſs, aus dem viel tausend andre Küsse
Entsprangen, die, dem Busen aufgedrückt,
Mein Wesen himmelan entzückt!

Wie mehrte nicht der Kuſs sein Wallen!
Wie herrlich war es anzusehn! —
Lang' werd' ich jetzt ihn nicht mehr wallen,
Kein Thränchen heimlich auf ihn fallen,
Und auch dein Aug' nicht lächeln sehn!
Du eilst von hier — und Bäche, Nachtigallen
Und Maigerüche sind nicht weiter schön.
Ihr Eindruck auf den Sinn macht nur den Geist
    noch trüber,
Und hurtig wandl' ich stumm vorüber,
Wo blüh'nder Klee und Schatten winkt,
Der Gieſsbach rauscht, die Nacht'gall singt,
Und sehne mich mit stillem Pilgersinn
Nach deinem Heil'genbilde hin,
Um es mit Andacht anzuschauen,
Ihm all mein Leiden zu vertrauen,
Und nur dahin zu sehn, da, wo sein Urbild lebt.

O könnte doch dieſs Bild bei tausend Fragen
Die Antwort auch nur auf die Eine sagen:

Ob auch dein Wunsch nach mir so strebt?
Ach Doris, könnt' ich Dich belauschen,
Wenn Dich der Vögel Lied, der Büsche Rauschen,
Der Wohlgeruch der Frühlingsluft,
Mein Bild gesteckt auf deinen Busen,
Und unterm Arm die Lieblinge der Musen,
Kleist, Gefsner, zum Spaziergang ruft!
Schnell nähm' ich dann die Lieblinge der Musen
Dir ab, und schlänge meinen Arm
Dem deinen um, und wallte Dir zur Seiten
Im Paradies der Frühlingsherrlichkeiten.

O schönes Bild der Phantasie, so warm
Nach Watteau's Art gemalt — und doch so himmelweit!
Entfernet vom Genufs der Wirklichkeit —
Von Berghems Meisterhand gemalt,
Entzückt die Landschaft unsre Blicke,
Und führt an Tagen, die kein Lenz umstrahlt,
Erinnrungen an ihn ins Herz zurücke
Und Hoffnung auf ein neues Frühlingsglücke.
Das Aug', das auf die Mahler-Landschaft sieht,
Merkt dann die Wetter nicht, die eine Flur verwüsten,

Auf der, von Florens Schmuck umblüht,
Die Grazien tanzend sich mit jungen Amorn küfs-
ten —
So will auch ich auf dein Gemälde sehn,
So will auch ich die Mainatur betrachten.
Bald weiden Rosen, die nach wärm'rer Luft auch
schmachten
Und mir im vor'gen Lenz an deinem Busen lach-
ten,
An Dorngebüschen blühend stehn.
Doch bis die Lippen Dir von meinem Kusse
glühen
Und Rosen auf der Wang' von meinen Küssen
blühen,
So lange soll das Bild, Dir ziemlich nachko-
pirt,
Und was statt ihres Drucks die Fingerchen mir
schreiben,
Mein Frühling, meine Aussicht bleiben —
Mufs alles gleich, was meine Sinne rührt,
Wenn sich mein Herz in Dir verliert,
Weit unter Dir, dem Schönheitsurbild, bleiben!

Die Flur treibt Blumen, und es spriefst
Das Blatt hervor in den beknospten Hainen.

Wenn Frühlingsregen sie begießt:
So muß ich auch auf deinen Busen weinen,
Und Freudenthränen Dir im Auge wieder sehn —
Dann erst wird mir und Dir der wahre Lenz erscheinen
Und Schönheit der Natur mit Herzensglück vereinen.

XII.

Die Pracht erhabner Königsstädte,
Wo unterm Schutz der Friedensräthe
Das Volk oft lauter als im Kriege schrie;
Die Schwelgerei geistloser Feste,
Wozu man Wein in Cypern prefste,
Das Lachen kaufte, Geld von Armen lieh;
Der Glanz des Pallasts Ohne Sorgen,
Wo oft an heitern Frühlingsmorgen
Held Friedrich seine Flöte spielt,
Ohn' dafs sein Staatsgedanken müdes,
Umsterntes Haupt den Geist des Liedes,
Den sanften Ton der Flöte fühlt;
Der Muth, der laut im Busen wallet,
Wenn patriotisch hoch erschallet
Der Ruf zum Tod fürs Vaterland;
Der Leichtsinn, der die Kunst verstand,
Mit Noth und Kummer und Gefahren
Der Freude leichtsten Schaum zu paaren;
Der endlos bunte Schmuck der Gärte,
Wo Florens buhlrischer Gefährte,
Der West, mit tausend Blumen dahlt;

Der theure Schmuck der Galerieen,
Wo Rubens Farben ewig glühen,
Und Raphael unsterblich sich gemalt;
Der Zauberreiz der Prinzessinnen,
Der auf die steilsten Wollustzinnen
Ein neues Herz sirenisch führt;
Die Wissenschaft der Toilette,
In der die Prüde und Coquette
Sich labyrinthisch oft verliert;
Der Lichtscheinsglanz der Hofgesichter;
Die Schwachheit lauter Sittenrichter;
Der Stolz, der sich nach Orden drängt;
Der Abstand zwischen Welt und Büchern;
Die Weisheit, die, das Herz zu sichern,
Systeme ohne Zahl erdenkt,
Und, statt es höher zu erheben
Und zu erweitern, es verengt:
Das alles hat im noch nicht grauen Leben
Mein Herz, mein Aug', mein Ohr, gefühlt, ge-
                sehn, gehört;
Das alles hat manch Schauspiel mir gegeben,
Aus dem mein Herz oft mehr bethört,
Bisweilen auch gebessert kam,
In dem ich auch oft selbst ein Röllchen über-
                nahm,
Und nicht ganz ohne Beifall spielte.

Allein was ich einst hörte, sah und fühlte,
Betracht' ich jetzt mit kaltem Blick,
Und wünsche nichts davon zurück;
Denn aller vor'gen Scenen Glück
War nur Planetenlicht, das Sonnenstrahlen tödten,
Wenn sie der Berge Gipfel röthen —

Doch, Doris, sinkt die Sonne auch ins
Meer,
Die mich durch Dich mit Lebenskraft beseelte,
Bei deren Schein nie Licht den Lebenswegen fehlte,
O dann mag auch kein Sternchen mehr
Auf meine Wege dämmernd scheinen,
Dann soll das Herz, dem Dich die Welt entrifs,
In unaufklärlich tiefer Finsternifs
Dich, seine Sonne, Dich — nur ewig Dich bewei-
nen.

LIII.

Da liegt das Tuch von mir allein heut nafs ge-
     weint,
Nafs gestern auch von deinen Thränen!
Wenn fliefsen wieder unsre Thränen
In Einen Kufs? Wenn, wenn vereint
Der Liebe Wehmuth, Schmerz und Sehnen
Uns wieder? Wie? von Dir entwöhnen
Soll sich diefs Herz, und jene heil'ge Gluth,
Die wider aller Hindernisse Wuth
Sich kühn vertheithigte, nicht weiter glänzend lo-
     dern?
Und Doris selbst kann diefs Entwöhnen fodern?
Nein, nein, sie löscht kein Thränenbach,
Der Weisheit Rath und Trost ist gegen sie zu
     schwach;
Und darf sie nicht mehr glänzend lodern,
So wird sie, tief von Kummerasche überstreut,
Im Heiligsten des Herzens glühen,
Nur dann und wann noch Funken sprühen,
Bis, wenn das Loos der Sterblichkeit

Auch endlich über mich gebeut,
Des letzten Ausbruchs Heftigkeit
Den Augen, die mich sterben sehen,
Die Wuth des innern Feu'rs verräth —
Ach Doris-Julie, *) dann aber ist's zu spät —
Doch nein, auch dann ist es noch nicht zu spät,
Wenn's deine Augen nur noch sehen,
Wie jener Funke, den sie in mein Herz gesprüht,
Auch ohne angefacht von deinen Blicken,
Von deinem Kuſs und Händedrücken,
Hell bis zum letzten Lebenshauch geglüht.

*) Rousseaus neue Heloise.

LIV.

Fort ist sie, fort, die schöne Zauberinn!
O daſs ich nicht ganz Seele bin!
Wär' ich's, dann wollt' ich ganz, ganz zu ihr hin.
Zwar würde dann mein Herz für sie nicht heiſser
     brennen;
Allein dann könnte mich auch nichts von Doris
     trennen.
Ach Doris, meine Seele klagt
Um Dich, und tausend Thränen zittern
Im Aug', das, um nur nicht die Welt mehr zu
     erbittern,
Dem Freunde sichtbar nur sie zu vergieſsen wagt.
Mild träufeln sie herab bei Blicken
Auf dein Gemäld' — und heiliges Entzücken
Zwingt mich beim Blick aufs freundliche Gesicht
Minuten lang den Gram zu unterdrücken;
Doch länger trösten kann es nicht.
Nein, nichts kann mehr mir wiedergeben
Der Zärtlichkeit entriſsne Ruh —
Von Doris Lippen tönt nicht mehr ein süſses
     Du,

Ihr sonnicht Auge winkt kein Leben
Des Herzens finstrer Ohnmacht zu;
Und wenn der Freund, der mir ihr Bild geschaffen,
Sanft mit der feinsten Tonkunst Waffen
Aus ihm den Gram vertilgen will,
Dann wird diefs Herz beim frohen Liede
Auch selbst von B a c h und G r a u n schnell müde,
Schweigt finster ohne Antheil still,
Und kann nur ihren Meisterliedern
Der Töne ganze Zaubermacht
Mit Sympathie und Dank erwiedern,
Wenn sie noch trauriger mich macht.

LV.

Nach dem LVIII. Sonnet des Petrarca.

O hätt' der Künstler, der so treu, so fein,
Ohn' Eine Huldinn zu vergessen,
Mir Doris malte, doch die Gabe noch besessen,
Auch dem Gemälde Geist und Sprache zu verleihn!
Welch eine reiche Seufzerquelle
Hätt' er dem Herzen, das, ganz wider Menschenart,
Den äufsern Reizen nicht die erste Stelle
Bei Doris giebt, dann nicht erspart!
Ihr Antlitz zwar verheifst im Bilde
Mir Frieden, lächelt freundlich milde,
Und scheint, wenn Herz und Mund sanft zu ihm spricht,
Mir alles liebreich zu gewähren —

Gott! aber könnt' ich auch die Seele reden hören!
Pygmalion, wie glücklich warst du nicht!
Von deiner Statue ließt du dir zehnmal schwö-
ren,
Was ich nur Einmal möcht' von Doris Bilde
hören.

LVI.

LVI.

Reizvoller Lenz, entflieh, entflieh!
Dein Mai ist wintricht ohne Sie;
Gesänge deiner Nachtigallen
Fühlt die betäubte Seele nicht,
Ihr Ton ist Freude, und entspricht
Nur Herzen, die von Freude wallen.
Dort hinter Bergen, die ein Kranz
Von thauigem Gebüsch umflügelt,
Hebt sich mit frohem, goldnem Glanz
Die Morgensonn' empor, und spiegelt
Sich früh im Thau, der Blumen stärkt —
In Thränen aber nicht, die unbemerkt
Mein Kummer weint, der so im Schatten
Der Einsamkeit sich mehrt, wie unterm Blätter-
      schatten
Maiblumen, die der Sonne ungern nur gestatten,
Die thaugefüllten Kelche anzuglühn
Und ihnen Thau und Düfte zu entziehn.

LVII.

Mit rosenfarbner Hand verscheuchte
Der Morgen heut die Dämmerung,
Und vor dem Sonnenaufgang neigte
Der Nebel sich, Begeisterung
Des Frühlings floſs durch die Gefilde.
Erhaben lächelte der wilde
Grenzlose Garten der Natur,
Den Strom selbst schien der Reiz der Flur
Und Lieder, die am Ufer schallten,
Vom schnellen Sturz zurück zu halten.
O süſse Nachtigall, wie viel
Entzückung, Harmonie, Gefühl
Klang nicht aus deinem Morgenliede!
Vom Schlaf gestärkt, entzückt vom Mai,
War, gleichgestimmt mit deinem Liede,
In meinem Busen stiller Friede:
Allein wie bald war aller Friede
Und alle Ruh' vorbei! —

Ein Täubchen flog mit rauschendem Gefieder
Mein offnes Fenster schnell vorbei,

Ließ auf das nächste Dach sich nieder,
Sah bald mich süß und traurig an,
Bald nickt' es nach der Gegend wieder,
Von wo es meine Augen kommen sahn,
Nach der, von Trennungsgram verzehrt,
Sich meine ganze Seele kehrt.
„Ach Täubchen, klagst du auch geschieden
„Von deiner Liebe? Floh sie dich?
„Was trennte euren Herzensfrieden?
„Du klagst. klagt sie jetzt auch um dich? —
„Starb sie vielleicht? — O kleine Taube,
„Dann klage nicht; im Todesraube
„Liegt Trost für guter Seelen Schmerz.
„Nur dann, wenn dich aus Stolz ihr Herz,
„Selbst wider sein Gefühl, verlassen,
„Dann klagst du nie zu viel, zu laut;
„Dann mischet gern mein Herz, vertraut
„Bekannt mit solchem Gram, sich in dein Girren,
„Und möcht' auch gern, getrennt von der,
„Ohn' die Elysium für mich unselig wär',
„Wie du verwaist die Welt durchirren;
„Und Glück wär's schon für mich genug,
„Möcht' mich mein ruheloser Flug
„Nur dann und wann vor Doris Antlitz tragen."

So hörte mich das Täubchen klagen —
Doch schnell flog es da wieder hin,
Von wo es kam, wo ich im Geist stets bin —
Und plötzlich ließ ein dichterer Nebelschleier
Auf der Gefilde Morgenfeier
Herab sich — O wie drückend heiß
Ward da die frühe Luft des Mais!
Die letzten Blüthen sah ich fallen,
Und hörte Nänien nur schallen
Im Brautgesang der Nachtigallen.
Und sah und fühlte nichts von allen
Geschenken des verjüngten Mais;
Nach flog ich nur der süßen Taube,
Die, wenn ich meiner Ahndung glaube,
Ein Bothe Amors wär. Doch gab
Er ihr zur Wandrung bloß auf dein Wort die
    Befehle?
Und flog sie nicht ohn' Einen Seufzer ab?
Flog sie ohn' dein Geheiß, ohn' Einen Seufzer
    ab,
Dann folgt' umsonst ihr meine Seele.
Doch, Doris, sandt' er sie in deinem Namen ab,
Dann, Täubchen, sei mir tausendmal gesegnet,
Dann fliege schnell zurück zu Ihr,
Zu Ihr, die meine Seele segnet!
Und, Doris, wenn ein Täubchen Dir

Im Hain, im Thal, im Dorf begegnet,
Dann denk', es kommt von mir,
Ich bin's — Ha gäb' mir Amor Flügel,
Und schaffte er, dein und sein Eigenthum,
Mich einst zu einem Täuber um,
Dann hielten mich nicht Ströme, Wälder, Hügel
Entfernt von Dir, dann schwebte ich,
Ja ewig schwebt' ich dann um Dich.

LVIII.

Sie, die, vom stillen Reiz Elysiens umflossen,
Elysium in unsre Herzen sang,
Wenn Augen, die vielleicht kein Thränchen je
      vergossen,
Jetzt ihrer Kehle Ton zu Thränen zwang,
Sie, die, der Unschuld gleich, naif und milde
Das Rosenmädchen oft gespielt,
Und Lob als Corally erhielt,
Hin floh sie in elysische Gefilde,
Liefs alles, was sie hier geliebt,
Zurück, um sie betrübt.
Der junge Rosenstengel knickte,
Eh' seiner Rose noch die Zeit
Den Blätterschmuck entpflückte. *)

  *) Eine Rose gebrochen, ehe der Sturm sie ent-
  blättert.
                    Emilia Galotti.

Sie starb, o welche Seligkeit!
Geliebt, und liebend — Gott, wie wenig sterben
Geliebt, und liebend! — Doris Dich,
Dich liebend sterb' ich einst, allein werd' ich
Auch so geliebt von Dir einst sterben?

LIX.

Sie kömmt, sie kömmt — Auf, Herz, bereite
Zur Freude dich, vielleicht schon heute
Kömmt Doris. Von der kleinen Reise warm
Wird sie den schlanken weifsen Arm
Um ihres Lieblings Schultern winden,
In ihrem Huldgöttinnenblick
Werd' ich des Herzens ganzes Glück,
Den ganzen Reiz des Frühlings finden.
Ha, Doris, leg' die kleine Hand
Her auf diefs Herz, sein schnelles Wallen
Spricht lauter als das Lied der Nachtigallen
Von Liebe, und vom Gram, den es empfand,
Seit es kein Thränchen Dir entfallen,
Dich nicht gefühlvoll lächeln sah.
Doch, deinem Wiedersehn so nah,
Giefst sich der Strom vergangner Freuden
Gewaltig über meine Seele hin,
Und hoffnungstrunken schwemmt er aus dem Sinn
Das Angedenken vor'ger Leiden;
Da soll es auch — Ach Gott, was wagt

Der freudentrunkne Sinn zu hoffen!
Hat Doris nicht schon allen Trost versagt?
Sie hält für mich nicht mehr die Arme offen,
Und wähnt, indem sie eignem Glück entsagt,
Mit Tugend einen festern Bund getroffen
Zu haben. Doris, o wie irrt,
Wie irrt dein stolzes Herz! Es wird,
Es muſs von seiner Höh' sich neigen,
Und sich einst wieder menschlich zeigen.

Der frische Rosenkranz entzückt
Das Aug'; doch neue Schönheit schmückt
Sein einfach Roth, wenn ihn mit Myrtenzweigen
Ein Händchen, schön wie Doris Hand, durch-
flicht.

Noch, einz'ger Liebling, weiſs ich, spricht
Dein Herz für mich, und weint im Stillen,
Wenn es Gelübde zu erfüllen
Sich zwingt, die die Natur nicht lehrt,
Und wider die sich sein Gefühl empört.

Ach Du, zu der sich gleich mein Herz ganz
neigte,
Als ich zum erstenmal Dich sah,
Für die es, der Ersterbung nah,

Vom Glück zu leben, sich noch einmal überzeugte,
Du, die ein Pfeil, den sympathetscher Hang
Und Amors Schnellkraft dicht befiedert,
Mit aller Herzergebung mich zu lieben zwang,
Du, die so warm oft meinen Kuſs erwiedert,
Wenn Herz und Arm Dir um den Hals sich
    schlang —
O Beste, kannst Du je vergessen,
Wie glücklich Liebe Menschen macht?
O kannst Du je den, den vergessen,
Auf dessen Schooſs Du oft gesessen,
Mit dem Du oft geweint, philosophirt, gelacht,
Der, überzeugt von deines Herzens Tugend,
Bei allem Feu'rgefühl der Jugend
Dich nie vom Wege wahrer Tugend
Ins Labyrinth profaner Lust geführt,
Dem, fast platonisch nur gerührt,
Ein Kuſs auf Doris Arm und Pfirschenwangen,
Auf Perlenzähne, auf die Lilienhand
Auf Augen, die Empfindung und Verstand
Laut sprechen, und schlau alle Herzen fangen,
Auf Schultern, die vestalisch dicht verhüllt
Kein sterblich Auge sonst gewandlos je gesehen,
Auf Doris Fuſs und keusche Busenhöhen,
Das Maaſs der Lust befriedigend gefüllt,
Dem solche Küsse jeden Wunsch gestillt:

Sprich, Doris, kannst Du den vergessen?
Darf, wird und kann dein Herz vergessen,
Wie oft sich's ihm ganz überließ,
Vertraut ihn seinen Einz'gen hieß,
Wie zärtlich süße Schmeicheleien
Sich unter Thränen, unter Tändeleien
Gemischt — wie oft ein Kuß das unterbrach,
Was deine Zunge zärtlich sprach,
Und es viel zärtlicher noch sprach,
Wie Amor oft aus seinem reinsten Bach
Von unsern Lippen Freude sprudeln,
Und in schuldlosen Wolluststrudeln
Die Seelen sich verlieren ließ,
Wie Du nur mir, ich Dir nur lebte — dieß,
Dieß, kannst Du dieß jemals vergessen?

Was nur mein Auge sieht, malt mir
Ein Bild, ein rührend Bild, von Dir —
Doch ist dein Herz, zu stolz, entschlossen,
Die Thränen, die wir oft vergossen,
Die Stunden heitrer Zärtlichkeit
Ganz zu vergessen, soll im Streit
Sein innerlich Gefühl voll Schüchternheit
Vor neidisch niedrer Schmähsucht fliehen,
Soll deiner Augen Himmelsglanz
Ein Ernstgewölk für mich umziehen,

Soll sich der kleine Fuſs, das weiche Händchen
ganz
Dem kleinen Spiel dem sanften Druck entziehen,
Ach Gott! — Doch auch dein Stolz verbreitet Glanz
Um Dich, und flicht in deinen Schönheitskranz
Noch Himmelsblumen mehr — Ach, Doris, paare
Doch nur mit jedem Röschen, das er bricht,
Mit jedem Lorbeer, den um braungelockte Haare
Der Stolz zur Glorie Dir flicht,
Ach, Doris, mit jedwedem Blümchen paare
Doch ja auch ein Vergiſsmeinnicht.

LX.

Die Rose an Doris.

Dein Freund brach mich in seines Freundes
Garten,
Und schickt, das Herz von mancher Ahndung
schwer,
Mich als sein erstgepflücktes Röschen her,
Von Dir mein Schicksal zu erwarten.

Die Knospen, die er Dir im vor'gen Früh-
ling brach,
Dir oft selbst an den Busen stach,
Die das: ich liebe Dich unendlich,
Sonst keinem nur als ihm verständlich,
Sanft sprachen, bis sie abgeblüht
Die schönsten Fingerchen vom warmen Busen
nahmen,
Und sie zum Potpourri von andern Blumen ka-
men,
Die auch an deiner Brust verblüht,

Die Knospen waren meine Schwestern:
Und bin ich jünger gleich wie sie,
So kann ich doch so gut wie sie,
Wenn Thoren laut der Liebe Unschuld lästern,
Sanft deines Herzens Sympathie
Dem, den Du liebst, getreu entdecken.

  Soll ich's? so darfst Du mich dicht an dein
      Herz nur stecken —
Mich da zu sehn flößt ihm dann manche Hoff-
      nung ein,
Und ich werd' sterbend glücklich sein.

LXI.

Ein Kuſs auf Busen, Hand und Fuſs,
Auf Augen, Stirn' und Mund — Gott! welch ein
Kuſs!
Allein wie mancher Thränenschauer
Folgt' auf die kurze Freudendauer!
Schon abgewelkt, dem wunden Herzen gleich,
Nahm ich von ihrer Brust den Myrtenzweig,
Ein Vorbild künft'ger Seelentrauer.
Da liegen abgefallen um mich her
Schuldloser Wünsche Lilienblüthen —
Und keiner Freudenernde Wiederkehr
Soll ausgestreuten Gram vergüten.
Zwar noch ist Doris Herz nicht liebeleer,
Noch athmet es wie meins so schwer:
Doch macht die Zeit das Herz ihr leicht,
Und fällt der Liebe ganzer Kummer

Auf mich allein — o wiegte dann mein stum-
    mer,
Verlafsner Gram das Herz, dem hier nichts Hülfe
    reicht,
Sobald der Trost von Doris Lippen schweigt,
Zur einz'gen Ruh — in Todesschlummer!

LXII.

LXII.

Nach dem CLXXII. Sonnet des Petrarca.

Schön ist sie, wenn sie weint, schön, wenn sie lacht,
Schön selbst, wenn sie ein zornig Mienchen macht,
Schön ist ihr Aug', schön sind die braunen Bogen,
Schön ist ihr Wuchs, schön ist ihr Tanz, ihr Gang,
Schön Mund und Zähne, schön der Sprache Klang,
Schön ihre Hand, und schönre Haare zogen
Um eine schönre Stirn sich nie,
Schön ist ihr Arm, und Symmetrie
Macht sie vom Fuſs an bis zur Scheitel
Gefallend — ja ganz schön ist sie;
Doch schöner noch ihr Herz, weil's so viel Reiz
nicht eitel
Und Putz und Tanz sie nicht zur Puppe macht.
Drum, Herz, verzweifle nicht bei deines Kummers
Zähren
Um sie, such' deines Grames Nacht

Durch des Gedankens Sonnenstrahlen aufzuklä-
ren:
Daſs Doris, die ganz Reiz und Tugend ist,
Dich geistig immer noch an ihren Busen schlieſst,
Und aller deiner bittern Leiden
Hybläischsüſse Quelle ist.

Wenn je ein Sterblicher dein Klaglied liest,
Und seine Augen sich an ihrem Bilde weiden,
Wie wird er dich beneiden,
Und sprechen: "Viel, viel waren seiner Leiden;
"Allein er sah sie doch — und fand in ihrem
Blick
"Der Liebe unaussprechlich Glück,
"Verschwiegne Thränen, Kinder vor'ger Freuden;
"Und wer wollt' nicht für solches Anschauns
Glück
"Gern auch untröstbarn Kummer leiden!"

LXIII.

Schlaf, von deinen Träumen hofft
Meine müde Seele oft
Glück, Erquickung, Ruh';
Aber, Ungetreuer, du
Senkst dich auch mit deiner Ruh'
Nur auf Augen, welche keinen
Wonneleeren Tag beweinen.

Der Sonne stillen Untergang,
Der Frühlingsvögel Schlafgesang
Sah Doris ich in ihrem Garten,
Dicht um den Hals ein schwarzes Tuch,
In weifser Marmorhand ein Buch,
Vom Lindenbaum bedacht, erwarten.
Als sie vom Rasen sich erhob,
Ihr weifses Kleid zurecht sich schob,
Stand sie, von Grazien gestaltet,
Mir schöner, als die schönste Grazie,

So wie dem Morgenthau entfaltet
Im Frühlingsbeet die Lilie;
Das Aug' sah unterm Sonnenhute
Zweimal hell blickend in die Höh'.
Ach hätt' ihr doch in der Minute
Geahndet, wie nach ihr, so nah,
Ihr Liebling durch die Hecken sah!
Vielleicht wär' sie — Doch ach! ihr ahndte
Nichts — und vergebens bahnte
Ich mühsam Einem Blick von ihr
Durchs Laub g'nug Wege hin zu mir.
Sie ging und schlug das Köpfchen nieder;
Ich weinte still, und ging auch wieder
Ohn' einen — ach, ohn' Einen Blick,
Diefs Glück, das mir von allem Glück
Beinah allein noch blieb, mit finsterm Schweigen
In meine Einsamkeit zurück,
Und bat den Schlaf, im Traum sie näher mir zu
zeigen.

Schlaf, wie viel hofft' ich von dir!
Aber keine Träume kamen;
Und all' deinen Schlummersamen
Wandt mein Schicksal ab von mir.
Ja, auch du willst mir entfliehen,

Letzter Trost. — Doch flieh nur, flieh!
Wachend malt die Phantasie
Oft viel sichrer Traumgestalten:
Und wenn Stärkung sanfter Ruh'
Herz und Aug' von dir nicht mehr erhalten,
O vielleicht führt dann mich ew'ger Ruh'
Bald dein Zwillingsbruder zu.

LXIV.

Dein Bild vor mir, sah ich nicht die Natur;
Dich, Herzensabgott, sah ich nur:
Ich pflückte Blumen von der Flur,
Doch ohn' zu sehn wie schön sie blühten.
Den Schmerz des Dörnchens, das mich stach,
Als ich ein wildes Röschen brach,
Fühlt' ich erst lang' darnach,
Zu voll von der Idee, wie schön die ist,
Der alle Frühlingsblüthen
Zu Füfsen hin zu schütten
Mein Schicksal mir den Weg verschliefst.

 Die Nacht'gall schlug; allein ich hörte
Kaum auf den süfs harmonischen Gesang:
Denn was ich tief im Herzen hörte,
War wie ein Echo von dem Silberklang,
Der ihrer Küsse Wonne mehrte,
Und kräft'ger in die Seele drang,
Als einer Schmehling*) Ton und Nachtigall-
     gesang.

 *) Mara.

Mit zärtlich murmelndem Geräusche
Floß hin des Thals umblümter Bach;
Ihm flohn gleich sanftem Westgeräusche
Um Doris tausend Seufzer nach.
Ach sein Geräusch war meinem Herzen
Verständlich g'nug — Den kleinen Bach,
Schien mir's, der rasche Fall zu schmerzen,
Der ihn von seiner Quelle schied:
So kann's mein Herz auch nicht verschmerzen,
Wenn es die Tage wandeln sieht,
Getrennt von der, die sonnenhelle
Sie ihm erwärmt, gekürzt, versüßt,
Und seiner Freuden einz'ge Quelle
Auch ewig bleibt, wie sie's einst war und jetzt
noch ist.

LXV.

Wie einsam, Doris, wie betrübt
Der Sterbliche, der Dich unsterblich liebt,
Am frühen Morgen hier gewesen,
Könnt'st Du von diesem Blättchen lesen.
Doch kannst Du nicht im eignen Herzen lesen,
Wie innig Dich sein ganzes Wesen liebt,
Wie sehr er sich, getrennt von Dir, betrübt,
Dann glaubst Du es auch kaum,
Wie sehr ich unter diesem Lindenbaum
Heut trostlos und betrübt gewesen,
Wie sehr ich deines Kleides Saum
Nur zu berühren mich gesehnt;
Dann werden Dir, schon bald entwöhnt
Des heiligsten Gefühls, die Rosenblätter,
Die diese Hand mit Traurigkeit
Zum Opfer milder Zärtlichkeit
Hin, wo dein Fuſs jüngst ruhte, streut,
Nur sein wie andre welke Rosenblätter.

LXVI.

Dicht an der Pforte deines Gartens
    Hast Du es, Doris, nicht gesehn,
Das einsam grünende Gesträuche,
    Durch seiner Knospen Reichthum schön?

Wer denkt nicht, wenn er schon am Eingang
    Ein solches Rosenstöckchen sieht,
Daſs auf den innern Gartenbeeten
    Der Reichthum Florens häuf'ger blüht?

Ach Doris, unsrer Liebe Schicksal
    Malt dieser blüh'nde Rosenstrauch:
Beim Eingang in Cytherens Garten
    Sahn wir ein solches Stöckchen auch.

Wie lieblich dufteten die Knospen
    An seinen Zweigen! — Doch ich brach
Nur zween — die ich, von Hoffnung trunken,
    Dir an den keuschen Busen stach.

Wir wandelten vertraut im Garten,
 Und sahn uns schuldlos früh und spät
Nach Blumen um, zum Kranz für Amor
 Von Charitinnen ausgesät —

Doch jetzt läfst uns ein feur'ger Himmel,
 Und Regen, der uns überfiel,
Auch nicht zum Rosenstrauch zurücke,
 Die Nacht — doch nicht das Herz wird kühl,

Und weinend sitzen wir im Dunkeln,
 Zwar vor der Regenfluth beschirmt —
Doch fürchtend, dafs auch selbst diefs Stöckchen
 Der Nordwind aus der Wurzel stürmt.

LXVII.

Sinnbildlicher war wohl kein Schmuck,
Den je ein Schwesterchen der Charitinnen trug,
Als der, den Du Dir jüngst erwählt:
Dein Anzug war Weifs, Souci, Blau,
Vom Puder kaum bereift der braune Locken-
    bau.

Stolz, der ein edles Herz beseelt,
Sprach aus dem braunen Lockenbau;
Dem Kummer, den das Aug' der Erde oft ver-
    hehlt,
Zu Ehren war das leichte Kleid
Souci garnirt, und blaues Laubwerk drückte
Das Zeichen der Beständigkeit
Aufs Weifs der Unschuld, das den Grund des
    Kleides schmückte.

Allein entsprach das Souci und das Blau
Auch meinen Wünschen so genau,

Wie deinem Herzensstolz der stolze Lockenbau,
Und seinem Schuldlossein der weiſse Grund vom Kleide?
Thut aus Gefühl für mich dein Herz auf manche Freude,
Wie meins aus Gluth für Dich auf jegliche, Verzicht?
Dem ächten Dunkelbau schadt zwar der Regen nicht;
Allein wenn Sonnenstrahlen es zu oft erreichen,
Pflegt endlich es auch zu verbleichen.

LXVIII.

Schreckerfüllte Dunkelheit
Breitet tiefe Einsamkeit
Ueber jene Marmorseelen,
Die gefühllos Philomelen,
Die zum letztenmal so schön
Heut in dichten Pappeln klaget,
Hören, und doch nicht verstehn:
Aber Edens Wonne taget
Aus dem Dämmrungslicht der Einsamkeit
Weichen Seelen, eingeweiht
Zur Wohllautsempfänglichkeit,
Die beim Lied der Nachtigallen
Sympathetisch zärtlich wallen,
Die vom blüh'nden Rosgesträuch
Nie ein Knöspschen achtlos pflücken,
Und auf Fluren blumenreich
Nie empfindungsarm je blicken.

  Sanfte Regenwolken haben
Heut den Sonnenglanz begraben,

Und vorm droh'nden Himmel scheu,
Lernen wen'ge nur die Zauberei,
Die, wenn Reiz und Segen
Stiller Frühlingsregen
Ueber Lauben und Gefilde giefst,
Feine Seelen fesselt, kennen ---
O! der Thoren! die nur schön die Tage nennen,
Wenn der ganze Himmel ohne Wolken ist!

Weichet, weichet weit von hier,
Lafst euch von den Puppen rühren,
Die den Muschelsand der Beete zieren:
Heilig sei die einsam dunkle Laube mir.
Welche Wollust, wenn die Zähre
Mit dem Regentropfen hier sich mischt!
Er entfällt dem Himmel, und erfrischt
Lindenblüthen — so entfällt die Zähre
Frommen Herzen, und der kummerschwere,
Liebevolle Busen athmet minder schwer. —

Doris, blickte jetzt dein Auge her,
O wie würd' es mit mir weinen!
Aller Zauberreiz der Einsamkeit,
Alle Wonne unbescholtner Zärtlichkeit
Würde sich in uns vereinen;

Um uns möcht' das Regenwölkchen weinen,
In uns würd' doch lauter Sonne scheinen.

 Doris, Doris, blick doch her —
Rund um mich ein weiter stiller Garten;
Zephyr, schwärmend um ein Heer
Blumen, die die Hand erwarten,
Die zum Busenstrauſs sie pflücken soll;
Flora, Genien, Apoll,
Taxussäulen, Marmorvasen,
Buchenhecken, kunstgeformte Rasen,
Traubgeländer, Saaten, wallend wie ein Meer,
Gegenden geschmückt mit stolzen Hügeln,
Erlen, die vorlängs dem Ufer her
Malrisch sich im Strome spiegeln:
Alles lad't zu sich mich ein.
Doch vergebens, Reiz hat nur allein
Diese Laube, deren Schatten
Sanft sich mit der Schwermuth gatten,
Die bei Blicken auf dein Bild,
Bei Gedanken an die letzten Küsse,
Unverhofft und unvergänglich süſse
Jüngst gekostet, meine ganze Seele füllt.

 Auf den Knospen von halb aufgeblühten
Lilien und Rosen liegt es da;

Schöner war nicht Psyche, als sie mitten
Unter Grazien einst Amor sah.
Welch ein Auge, wenn es aufgeschlagen
Auf den Flügeln seiner Blicke Klagen
Vor den grofsen Helfer bringt!
Welche Hand, wenn Doris unter Thränen
Sie, wie ich die meinen, ringt!
Welche Lippen, wenn: Ach Gott! sie tönen!
Welche Wangen, wenn der Schmerz
Und ein Hülfe fleh'ndes warmes Herz
Mit der Rosenbusenröthe
Sie umfliefset! einst gab ihnen solche Röthe
Freude, die das Herz beim Kufs empfand. —

Diese Augen, heiter aufgeschlagen,
Pflegten — Gott! was können sie nicht sagen! —
Die hier auf die Brust gelegte Hand,
Wie das weiche Herz verstand
Sie einst alle Herzensfragen —
Aber auch noch jetzt darf ich sie fragen,
Ob ihr Urbild mich noch liebt?
Und ein sanftes Druckchen giebt
Dann zur Antwort: Ja sie liebt
Dich allein. Ach Doris, liebe
Ewig mich, so wie mein Herz Dich liebt,
Auch Dir sei der Schmerz der Liebe

Wol-

Wollust, und die Einsamkeit
Vorbereitung zu der Heiterkeit
Befsrer Welten, wo der Ehre
Larve nie die Schmähsucht trägt
Und auf Grazienaltäre
Blut'ge Taubenopfer legt. —
Hier mag sie den Stab uns brechen;
Dort wird Wahrheit Urtheil sprechen
Und der Liebe Unschuld rächen.

LXIX.

Schön blühst du zwar, o Linde:
Doch da ich hier nicht finde,
Was meine Seele liebt
Und Trost dem Kummer giebt;
So streust du deine Düfte
Zwar süſs durch Morgenlüfte,
Doch mein Empfinden ruft
Zur Lust kein Blüthenduft.

Du, meiner Wehmuth Zeuge,
Wölbst deine schatt'gen Zweige
Sanft über mich, und kühl
Macht sie des Zephyrs Spiel:
Könnt' er auf seinen Schwingen
Dem Herzen Lindrung bringen,
Wie gerne nähm' ich dann
Nicht eure Kühlung an!

Fallt, blüh'nde Aestchen, fallet,
Wenn Doris zu euch wallet,
Und ich weit von ihr bin,
Ihr still zu Füſsen hin;

Sterbt da, und wenn sie fraget,
Wovon ihr sterbt, dann saget:
Wir starben, weil vom Stamm
Ein Nord uns grausam nahm.

Wenn duft'ge Abendstille
Der Liebe reichste Fülle,
Sanft über Doris gießt,
Und stumm ein Thränchen fließt,
Schnell fall' das Kind der Liebe
Dann auf ein Blatt — Ha bliebe
Es da, wie Thau so schön,
Bis ich es fände, stehn!

Stolzgipflicht schöne Linde,
Wenn ich einst die hier finde,
Nach der, an dich gelehnt,
Mein Herz so warm sich sehnt,
Dann soll um deine Rinden
Sich frischer Rasen winden,
Der Garten Amors Hain,
Bei dir sein Altar sein.

LXX.

War's nicht bloſs Geist? Sah sie mein Aug' ge-
      wiſs,
War's Doris, die in grünen Finsternissen
Der Gartengänge von den bilderreichen, süſsen
Gesängen Thomsons, auch vielleicht von süſsen
Empfindungen für mich, still hingerissen,
Einsam umherging? War Sie es, die meinen Küs-
      sen
Das hohle Händchen zitternd überlieſs?
Ach Gott! war Sie's, war Sie's,
Der Ein ich liebe Dich, ich nur entriſs?
Die ohne Kuſs mich bebend von sich wies?
Hab' ich nicht bloſs im Traume sie gefunden?

   O wär' das Glück, daſs ich die ihre Hand
      geküſst,
Und daſs sie sah, wie aus den Herzenswunden
Der Liebe Gram unstillbar fließt,
Wär's doch im Traume nur empfunden!
Dann wär' die Qual, als sie mich fliehen hieſs,

Und in ihr Herz mir kaum Ein Blickchen glükken liefs,
Auch wie ein Traumgesicht verschwunden —
Doch ja — Sie war es selbst, die den, der jetzt sie liebt
Ihr ist, aus seinem Eden trieb —
Der Fuſs gehorchte zwar, allein die Seele blieb

LXXI.

Die von des Busens Wärme schon halb welke,
Mit Amarant gestreifte weiſse Nelke
Küſst' ich von ihrem Thron herab.
Ein schöner Blick voll Sprache innrer Schmerzen,
Manch süſses Wort, ein sanfter Handdruck gab
Beweise vom für mich noch warmen Herzen,
Und noch bin ich nicht ohne alles Glück.
Ja, ja, so lang' dein Aug' noch meinen Blick,
Dein Mund noch meinen Kuſs mit Heiterkeit zu-
    rück
Mir giebt, so lang' sich Augenblicke finden,
Wo meine Arme sich noch um die deinen winden,
Und an das Herz, das dann die schmäh'nde Welt
    vergiſst,
Dein schlanker weiſser Arm mich schlieſst,
Ach Doris, ja, so lange noch Minuten
Sich finden, wo Du kannst mein Herze bluten
Und weinend Dir zu Füſsen schmelzen sehn,
So lange sympathetisch schön
Noch deine Lippen Küssen voller Gluth

Sich öffnen lassen — ha so lange ruht
Noch über mir von Amors Milde
Ein Thaugewölk, so lange sieht der Muth,
Zwar wankend unterm Hoffnungsschilde,
Doch stets noch im prophet'schen Bilde,
Die Gegenden, die ich, einst glücklich, ganz be-
wohnt,
Und deren Eigenthum, wenn auf der Erde
Die Gottheit noch ein zärtlich Herz belohnt,
Ich nie — sprich Doris, ob ich es verlieren
werde?

LXXII.

Im Kopf ein Heer von tausend Sorgen,
Im Herzen tief den seligsten der Morgen,
Sang ich, als sich der Tag verlor,
Mir Liederchen von Gleim, Weifs' und Ja-
   cobi vor,
Und sah nach Doris unter ihren Linden:
Doch statt der Dryas dieser Linden,
Die alles, wo sie ist, zum Heiligthum mir macht,
Fand ich nur unter ihren Schatten — Nacht,
Und alle Hoffnung sie zu finden
Verschwand so wie der Tag in tiefe Nacht.

 Der Wandrer, der den Weg verloren,
Setzt sich vom Suchen trostlos müd'
Zur Erde nieder, um Auroren
Da zu erwarten — plötzlich sieht
Er durch des Haines Finsternisse
Ein glänzend Wesen, hört es süfse
Gesänge tönen — lächelnd wacht
Die Hoffnung auf, und ob sie gleich in Nacht

Die himmlische Gestalt schnell wieder hüllet,
So bleiben doch zum Trost die Töne ihm zurück,
Und der Gedanke, daſs ein Engelsblick
Auf ihn gesehn, erfüllet
Die Seele mit Geduld und Hoffnungen.

Ich, der in mehr als Einem Labyrinth ver-
 loren,
Müd', einsam ohn' ein Sternchen abzusehn,
Dem schwächsten Strahle von Auroren
Entgegen schmachtete, wie wohl ward mir,
Als ich im Finstern nur das Kleid von Ihr
Durchschimmern sah — und Purpur von Auroren
Umfloſs mich, als der Morgenröthe Sohn
Auf seinen Fittigen des Lindenliedchens *) Ton
Sanft zu mir wehte — welche Wonne!
Wie floh des Kummers Nacht vor des Gedankens
 Sonne,
Daſs Sie mich liebt! — Ach ja auch i h r e r Ein-
 samkeit
Geschäft' sind Sehnsucht, Liebe, Traurigkeit.

*) O majestätsche Linde etc, von Zachariä.

LXXIII.

Parodie auf Gotters Lied:

> Du, der ewig um mich trauert,
> Nicht allein, nicht unbedauert,
> Jüngling, seufzest Du etc.

das Doris in der Blumenlese von 1774 mir eingezeichnet hatte.

Daſs mein Herz stets um Dich trauert,
Weiſs ich — Ob deins mich bedauert,
Doris, das weiſst Du.
Und wenn deins auch Schmerz durchschauert,
Dann labt meins ein Tröpfchen Ruh.

Meines nassen Blickes Flehen
Ohne Rührung anzusehen,
Heischt die Tugend nicht;
Was Du fühlst, mir zu gestehen,
Tadelt nur die falsche Pflicht.

Unbekannt mit ew'gem Leide,
Wie die Lämmchen auf der Weide,

Spielten ich und Du;
Fromm rief uns der Tag zur Freude,
Ohne Reu' die Nacht zur Ruh.

Nein, noch sind wir nicht geschieden,
Noch find' ich bei Dir nur Frieden,
Ja, noch liebst Du mich.
Doris, neue Ketten schmieden
Sollten wir für mich und Dich?

Nach der Ruhe Vaterlande
Sehnte sich am Grabesrande
Stärker schon mein Blick,
Hielten nicht die süfsten Bande,
Manche Wünsche noch zurück.

Ohn' Dich lach' ich niemals wieder,
Ohn' Dich steigen Klagelieder
Ewig nur empor,
Und schlägst Du die Hoffnung nieder,
Dann blüht nie mehr Glück hervor.

LXXIV.

Schön.

Wenn stolz aus sonnenfarbner Schleife
  Ein Busch von schwarzen Federn blickt,
Der sich bei Zephyrs Hauch demüthig
  Vor den geflochtnen Haaren bückt;

Wenn um die Stirn in schönen Reihen
  Die Wurzeln seidner Haare stehn,
Und Kantenstrich und Lenzchenillen
  Auf ihre Stelle froh sich blähn;

Wenn dreifach überm weifsen Arme
  Der theure Spitzenvorhang hängt,
Und in des bunten Fächers Spiele
  Ein Mienchen sich voll Hoheit mengt;

Wenn aus dem Steinschmuck netter Finger
  Und Ohren eine Iris steigt,

Und sich ein schön gestelltes Füfschen — —
Im Flitterschuh von Atlas zeigt;

Wenn selbstgeschaffnes Laubwerk künstlich
Des seidnen Kleides Rand umwind't:
Wer sieht Dich, Doris, so im Gálla,
Ohn' dafs sein Auge schön Dich find't?

LXXV.
Schöner.

Wenn sich unterm weißen gaznen Hute,
    Blaubeschleift, die braune Nacht
Deines Haars verbirgt, und halb die Schönheit
    Des Chignons unsichtbar macht;

Wenn ein großes seidnes Tuch sich häuslich
    Um die schönen Schultern bläht,
Und die Grazie des edeln Wuchses
    Die Bikesche schlau verräth;

Wennn die kleinen arbeitsamen Hände
    Halb nur aus dem Handschuh sehn,
Und das Bändchen um den Hals Dir Sylphen
    Tändelnd vor- und rückwärts drehn;

Wenn Du vom Metier dann unterm Hute
    Aufblickst: Doris, wer vergißt
Dann den Galla nicht, und denket,
    Daß du so noch schöner bist?

LXXVI.

Am schönsten.

Wenn den weißen Morgenanzug
    Manches lose Schleifchen hebt,
Wenn ums nette Ohr ein Löckchen
    Noch, vom Schlaf zerstört, ihr schwebt;

Wenn noch kein Geschmeid, kein Bändchen
    Um den schönen Hals sich schleift,
Kein Corsettenzwang dem Wuchse
    In die Freiheitsrechte greift;

Wenn ihr Nacken, Arm und Schultern
    Noch kein Modeputz versteckt,
Und die Symmetrie des Busens
    Keine neid'sche Kunst verdeckt;

Wenn kein Hut ihr Haar verschattet,
    Kein Demant am Finger glänzt,

Wenn kein Schleppkleid ihres Fuſses
Freien, muntern Schritt begränzt —

Schön im Galla, schön im Hauskleid —
Aber in der Mittagshöh'
Find' ich ihre Schönheitssonne
In dem tiefsten Negligé.

LXXVII.

LXXVII.

Zu hellerm Sonnenaufgang schaute
Nie ein betrübtres Aug'. In Thränen, die um Dich
Das Herz auf heiße Wangen thaute,
Bespiegelte die Morgenröthe sich;
Doch plötzlich wandelte der Thränenregen
Sich um in Nebeldunkelheit —
Wird diese sich, von Titans Kraft zerstreut,
Thauartig auf den Schoofs der Erde legen?
Wie, oder steigt ihr trüber Dampf empor?
Hebt sich ihr grauer feichter Flor
Zur höhern Region, dann ziehen sich der Sonne
Bald wieder dichte Wolken vor;
Dann hofft mein Aug' umsonst Dich, seine Herzenswonne,
An diesem Morgen noch zu sehn,
Und auch ihr Abendstrahl, sei er auch noch so schön,
Wird ohne einen Blick aus deiner Augensonne
Für mich betrübt und glanzlos untergehn.

LXXVIII.

Du treuer schmeichelnder Gefährte
Der liebgeweihten Einsamkeit,
Der zwar den Kelch der Traurigkeit,
Mir immer frisch gefüllt, nie leerte,
Doch oft mit seiner Heiterkeit
Die Hoffnung künftig schönrer Zeit
Auf stummen Promenaden nährte;
Du kleines Ebenbild von der,
Die dieses Herz, schon liebeleer,
Mit neuem Freudenanspruch füllte,
Geh hin zu ihr, und sag' es ihr,
Wie oft und zärtlich ich mit dir
Schon manchen Kummeraufruhr stillte,
Wie manche liebe lange Nacht
Du schon an dieser Brust gelegen,
Und da aus lauten Herzensschlägen
Vernommen, wie ich Sie gedacht.
Auch heut in dieser Regennacht
Hat dich, du kleines Pfand der Liebe,
Mein warmes Herzblut warm gemacht —

O bliebst du doch so warm, o bliebe
Von jedem Kuſs, den ich entzückt
Auch heute schon dir aufgedrückt,
Auf dir ein Merkmahl, und versiegte
Die stille Silberthräne nie,
Die, als ich tief betrübt um sie
An dich sanft meine Lippen schmiegte,
Auf deine Spiegeldecke fiel —
Weit schöner als des Künstlers Spiel,
Der dich mit buntem Glanz umgeben,
Würd' sie des Colorites Leben
Und deinen ganzen Ausdruck heben.

Du kleine schöne Augenlust,
Geh hin und wärm' dich an der Brust,
Die einst, wenn Amor um uns schwärmte,
Der Hauch von meinen Küssen wärmte;
Geh hin, doch morgen komm an meinem Jahres-
feste,
Mich als das liebste, schönste, beste
Und zärtlichste Geschenk von ihr
Recht innigst zu erfreun, zurück zu mir,
Und laſs mich zum Beweis, daſs du bei ihr gewe-
sen,
Von ihrer Hand die Zuschrift lesen:

„Dieses lächelnde Gesicht,
„Diese Hand aufs Herz geleget,
„Sagt, wenn sie dein Auge fräget,
„Zwar schon viel, doch lange nicht
„G'nug, wie treu diefs Herz Dir schläget.

Von Doris bei Zurücksendung ihres Bildchens.

Auch wenn diefs heitre Auge weint,
    Das Herz vor Kummer bricht,
Vergefs' ich doch den Lieblingsfreund,
    Dich, Dich, mein Jungchen, nicht.

Drum sieh, wenn Du recht traurig bist,
    Diefs Dorisbildchen an,
Das Dir, ob's gleich nur sprachlos ist,
    Doch viel, viel sagen kann.

D.

LXXIX.

Ob ich gleich ein Dresdnisch Rähmchen
    Meinem kleinen Bilde gab,
Seufzt' es doch: „Schick' mich geschwinde
    „Wieder nur an Dorchen ab,

„Weil's mir so, wie Dir auch, nirgend,
    „Wo mich nicht ihr Händchen hält,
„Ihre Lippen nicht berühren,
    „Und ihr Busen wärmt, gefällt."

Nimm's drum hin — doch weil's zu leise
    Seines Urbilds Wünsche redt,
Hab' ich mit Erinnrungsblümchen
    Kunstlos den Revers besät.

LXXX.

Kehr' nicht zu meinem Kufs die weifse Hand
 mehr um;
Dein Auge sei für mich wie deine Lippen stumm;
Lafs, wenn voll süfser Gluth Dich meine Seufzer
 segnen,
In deinem Blick mir nichts Entsprechendes be-
 gegnen;
Such' keine Stunde mehr um mich allein zu
 sehn;
Lafs mich den Dornenweg der Liebe einsam gehn;
Wenn halb verstohlen mir im Auge Thränen zit-
 tern,
So lafs mein Leiden Dich zum Mitleid nicht er-
 schüttern —

Gelübde, die ich einst für mich zu thun
 Dich bat,
Und die dein zärtlich Herz, auch ganz Ergebung,
 that,
Da hast Du sie zurück, lafs sie von kalten Lüf-
 ten

Schnell mit den letzten Blumendüften
Des Sommers mit verwehn, und kein Gedank' an
sie,
Kein Vorwurfskeim, kein Fünkchen Sympathie
Bleib' mehr zurück in deinem Herzen;
Sei frei, ganz frei — doch ich, ich, den der
Liebe Schmerzen
Mehr als der Freiheit Stolz und Lebensglück er-
freun,
Ich, Doris, ich bleib' — dein.

LXXXI.

Längst schon lächelte kein Frühling mehr,
Flur und Blumenbeete waren leer,
Doch auf ihres Schöpfers Wiederkehr
Sicher hoffend — Ganz so leer,
Jedem Kummerangriff offen,
Aber ohn' die Wiederkehr
Neuer Liebesfeste mehr zu hoffen,
Klopfte dieses Herz, und sah betrübt
Rund um sich die Silberwellen
Jener einst so reich umblühten Quellen
Durch des Ufers Laub und Sand getrübt.
Endlich kamst Du, Frühlingssonne
Meines Lebens, streutest Glanz und Wonne
Auch in mein Herz. Vor Dir fliehn
Alle kalte Lebenssorgen,
Wie vorm glühenden Camin
Herbstfrost flieht, aus Nacht wird Morgen,
Wo dein Auge glänzt, und Rosen blühn
Da, wo deine Wangen lieblich glühn.

Bei dem Röschen, das am Busen lachte,
War es gleich nur künstlich, dachte
Meine Seele an den Rosenschmuck,
Den, um mir ich liebe Dich zu sagen,
Einstens eben dieser Busen trug —
Ach wie furchtsam wagt' ich's nicht zu fragen:
„Steckt für mich das Röschen da?"
Doch wie laut vernahm dein Ja
Nicht mein Herz — obgleich zu diesem Ja
Sich nur leis' der Mund zu öffnen wagte;
Denn des Fußes sanfter Auftritt sagte
Auch dieß Ja — und zweier Zeugen Mund
Macht ja überall die Wahrheit kund.

LXXXII.

Ha! welchen Trost hat nicht diefs Herz genossen,
Als Thränen, die auf bleiche Wangen flossen,
Mein Mund Dir zitternd aufgeküfst!
Ach Doris, Doris, meine Seele ist
Noch trunken von den süfsen Blicken
Des schönsten Aug's, noch trunken von den Drücken
Der weichsten Hand, noch voll der neu empfundnen Lust,
Vom schlanken Arm an eine warme Brust
Gedrückt zu sein; noch glüht von Deinen Küssen
Jedweder Tropfen Blut, und milder fliefsen
Die Thränen, die sich stets für Dich ergiefsen.

LXXXIII.

Tief in mein Herz drang nie die Welt,
Und beim Gedanken, sie Dir aufzuopfern, fällt
Kein Thränchen aus dem Aug'. Allein sie zu ge-
        niefsen
Mit Dir, und sich in ihr von Dir geliebt zu wis-
        sen —
Ha, Doris, dieses Glück enthält
Der Freude Blüthenkranz — Wohl dem, den er
        umwindet!

Doch jetzt — weg, weg mit einer Welt,
Die Dich und mich mit Ketten bindet,
Die Ruh und Glück von frommer Liebe scheucht,
In der der Schmähsucht Hauch von hundert Lip-
        pen steigt,
In der vom Dasein blüh'nder Sommertage
Uns nur der Sonnenstich und Donner überzeugt —
    Wenn ich solch einer Welt entsage,
Zur Zuflucht meiner Herzensklage
Die Einsamkeit erwähl', selbst den Entschlufs,
Dich, Dich zu fliehn, kannst du selbst den mifs-
        bill'gen?

Du kannst es nicht — vielleicht würd' selbst dein Fuſs
Ins Wandeln auf dem gleichen Pfade will'gen.
Ach Gott! könnt' ich einst Hand in Hand
In Einer Einsamkeit, auf Einem Pfade
Mit Doris wandeln! schnell würd' dann das Meergestade
Für Aug' und Seele in ein paradiesisch Land
Sich umgestalten, deinem Aug' und Herzen
Würd' auch dann überall ein stiller Frühling blühn,
In Dir säh' ich um mich die Grazien dann scherzen,
Und von der Stirn die Sorgenfurche fliehn;
Dann fühlten wir nie gröſsre Schmerzen,
Als die, wenn, wir im Lenz zum erstenmal
Vom rosenvollen Stock die nettsten Knöspchen brächen,
Und für die übermüth'ge Wahl
Zur Straf' uns seine Dörnchen stächen —
Und solcher Rosenwunden Blut,
Wie leicht, ohn' sie in Meccataft zu hüllen,
Würd' sie ein Kuſs voll Gluth
Und eine Tändelei nicht stillen!

LXXXIV.

Dich, Dich, zu der mich Amors Ketten ziehen,
Dich, die mein Erdenhimmel ist,
Bei deren Blick mein Herz in Zärtlichkeit zer-
fliefst,
Dich, **Doris**, will — Dich muſs ich fliehen —.

Und wenn ich nun in andre Gegenden ent-
flieh',
Um jener Zauberkraft der Charitinnen
In deinem Auge zu entrinnen,
Wird ihr mein Geist, so wie mein Fuſs, entrinnen?
Fliehn, **Doris**, fliehen kann ich sie;
Allein mein Herz wird nichts bei dieser Flucht
gewinnen.

Ach Gott! in welchem Labyrinth
Irrt es verlassen, rund um sind
Gebirge, die ihm alle Aussicht hindern,
Und Thränen, die sonst Kummer mindern,
Entfallen ohne Trost auf jeden Fuſstritt hin.

Kaum weiſs ich wo ich bin,
Und schaue mitten in der ungestillten Klage
Um schnell entgangner Zeiten Glück
Mit schaudervollem finstern Blick
Die Finsterniſs ruhlos'rer künft'ger Tage,
Und keinen Faden, um ariadnisch mich zurück
Zu leiten, ohne Hoffnung wage
Ich weiter mich von Dir, und trage
Mit mir, was oft des Herzens Harm gestillt,
Oft seine Ruh verscheucht — dein Bild.
  Doch auch dieſs Bild — sieh mich an deiner
    Statt erröthen —
Dieſs Bild, aus Miſstraun mir verrätherisch ent-
    wandt,
Und halb freiwillig nur der schwächern Hand
Entrungen, kann jetzt nur halb meinen Kummer
    tödten —
Der Talisman, wodurch, wenn ich die Zeilen
    las,
Die einst dein Witz, vom Herzen unverläugnet,
Mit treuer Hand aufs kleine Blatt gezeichnet, *)
Das kranke Herz so manchen Augenblick genaſs,
Weg ist er, Doris, von der Hand entwendet,
Die rednerischer oft, was halb der Mund nur
    sprach,

 *) S. 212. von Doris.

Wenn aus dem Aug' ein kleines Thränchen brach,
Mit einer Schmeichelei ums Kinn vollendet —

Ha, fühlte doch dein Herz jetzt mit,
Was ich beim Anblick dieses Raubes litt!
Sähst Du die Zähre doch, die, von Dir ungesehen,
Jetzt eben aufs beraubte Bildchen glitt!
O könnte sie den Raub ihm doch zurück erflehen!

Grausame, überzeugt der Schmerz,
Der stumm an meinem Leben zehret,
Dich nicht, dafs dieses tief verwundte Herz
Dir jetzt und ewig Dir allein gehöret?
Dafs es den Freudenstrahl, wenn Einer ein sich
    stiehlt,
Verschmäht, wenn es ihn merkt, und meistens
    gar nicht fühlt?

Einst waren unsre Herzenssaiten
Auf Einen Ton gestimmt, und nie
Sah Doris ohne Sympathie
Aus meinem Aug' ein Thränchen gleiten,
Und da — da waren goldne Zeiten!
Sie liebte mich, so wie ich sie;
Sie glaubte sich geliebt, weil sie mich liebte;
Doch jetzt — warum trau'st du dem Herzen nicht,
Das ganz von Dir durchschaut, zu Dir allein nur
    spricht:

Ich liebe Dich? das sich, wenn's Dich nicht
liebte,
Nie um der Welt Verlust und ihr Geschwätz be-
trübte? —
Nein, Doris, nein, Du liebst mich nicht,
Liebst mich nicht mehr, wie einst mich deine
Seele liebte,
Als jeden neidischen Verdacht
Ein Wort, ein Kuſs, ein Händedruck zerstiebte,
So wie der Sonnenstrahl die graue Nebelnacht.

Ich, der noch ganz, ganz dein noch bin,
Der seine Unschuld, von Verdacht beleidigt,
Selbst Dir zu Füſsen stolz, vertheidigt,
Dem ohne dich kein Glück Gewinn
Und Freude bringt, geb' deinem Stolze alles hin;
Nur nicht die Liebe, der mit tausend Küssen
Dein Mund einst selbst mein Herz geweiht,
Die Liebe, die sich eines andern Lebens freut,
Die Liebe, die mit Ruh, dein Leben zu versüſsen,
Den eignen langen Gram nicht scheut,
Die Liebe, die den Rath zur Flucht mir gab, und
ihn
Zu thun mir — ja — Ach Gott — ich will — ich
muſs dich fliehn.

LXXXV.

LXXXV.

In stillen süfsen Thränen schmelzt,
O Doris, jetzt das liebeskranke,
Fühlbare Herz, von dem der herrliche Gedanke,
Geliebt zu sein, des Kummers Grabstein wälzt.

Den Geist voll rührender Ideen
Von Sterben und Unsterblichkeit,
Mit Augen, die den mächt'gen Lebensstreit
Und den Triumph des Todes angesehen,
Erschienst Du mir, *) und kamst, Beruhigung
Dem Trauernden durch Mitgefühl zu geben,
Und deiner Lippen sanftes Beben
Und leiser Ton gab Kraft und Schwung
Den Worten, die sanft wie die Thränen flossen,
Die über deine Wangen sich ergossen.
Unsichtbar sympathetisch schlich
Ein jedes Wort, ein jedes Thränchen sich
In meine Seele, und vor ihrer Kraft entwich
Bald aller Kummer um die Todten;

*) Bei einer Condolenz.

Allein dem stillen Schmerz um Dich
Und deiner Zärtlichkeit Ersterben, dem entboten
Sie keinen Frieden — sprachlos stand ich da,
Des besten Trostes einz'ger Quelle nah,
Trostdürftiger wie der, den ich Dich trösten sah —
Doch Doris kam nicht mich zu trösten;
Mein Kummer, mein Verstummen flöfsten
Ihr, scheinbar, keinen Antheil ein,
Vergessen ganz dacht' ich zu sein —
Welch Glück — ich war noch nicht vergessen!
Beim Abschied schmiegte sich die kleine weiche
Hand
Wie sonst um dieses Kinn, und ich empfand,
Dafs Doris Seele sprach: Nein Du bist nicht
vergessen.

In stillen, süfsen Thränen schmelzt,
O Doris, jetzt das liebeskranke,
Fühlbare Herz, von dem der herrliche Gedanke,
Geliebt zu sein, des Kummers Grabstein wälzt —
Allein steht gleich das Grab der Freude offen,
So darf ich doch ihr Auferstehn nicht hoffen —

LXXXVI.

Der Pöbel, und in seiner Schaar der Grofse,
Der, von der Weichlichkeit im Dummheitsschoofse
Gezeugt, in Windeln oft zum Orden schon be-
   stimmt,
Beim Anblick alter Ehrenfahnen
Und Helme über Gräbern bessern Ahnen
Vom Hang zu gleichen Thaten nicht entglimmt,
Der Pöbel gafft mit lautem Wohlgefallen
Des sammtbeschlagnen Sarges Wappenglanz,
Ums nächtliche Gewölb den Fackelkranz,
Gehirnlos an, hört tiefen Glockenton erschallen,
Der Grabgesänge Trauerklang,
Schwärmt um den feierlichen Gang
Verhangner Rosse, aber seine Ohren hören
Nicht auf des Todtenzuges stille Lehren,
Und seine Augen sehen nicht,
Was laut zur Eitelkeit ein Sterbgefolge spricht.
Wie mancher, der sein voll Gesicht,
Im Herzen trotz des Florhuts heiter,
Sich zwar im schwarzbezognen Wagen wischt,

Geht in Gedanken doch nicht weiter,
Als nur bis dahin, wo für ihn Champagner zischt,
Und alles, was den Gaum erfrischt,
Das Trau'rhaus herrlich aufgetischt —

Weh, Doris, den verworfnen Seelen,
Die so des hohen Winks verfehlen,
Den uns die Todtenglocke giebt!
Um die Gestorbne nicht betrübt,
Ach Doris, nein um Dich — um mich betrübt
Und tief gerührt von künft'gen Scenen
Fing letzt ein weißes Tuch von Dir die Herzens-
          thränen
Am Grab verstohlen trocknend auf —
Wär' der entathmende rastlose Lauf
Zum Ziel, nach dem sich meine Wünsche sehnen,
Doch schon vollend't — und deckte meines Gra-
          bes Nacht
Statt des Gewölbs und aller Grabmahlspracht
Die sanfte stille Nacht
Von jenen Lindenreihn, bei denen
Dein Fuß sehr oft vorüber wallt! —
Wenn Du zu meinem Grab dann trätest,
Auf seinen Hügel nur Ein Veilchen sätest,
Wie würde seine niedrige Gestalt
Im nächsten Lenz in höherm Reiz erscheinen,

Als Gräber, wo von Marmorsteinen
Dem Wandrer Lügen nur entgegen schrein!
Du dürft'st dann deiner Brust kein Veilchen mehr
     entziehen,
Um meinen Hügel zu bestreun;
Er würde blau von Veilchen sein,
Und alle würden gern an deiner Brust verblühn —
Doch pflücke keins von diesen Veilchen ab,
Ohn' daß der Liebe und zu deines Herzens Ehre
Nicht eine fromme Zähre
Die Fruchtbarkeit des Hügels nähre,
Die Dir für deine Saat solch eine Ernde gab.

LXXXVII.

Die Seele, die nicht bei den Leiden Werthers
Der Mitempfindung Schauer überfällt,
Die andrer Menschen Leid für härters,
Gränzlosers Leid als diese Leiden hält,
Der seines Feu'rgefühls Geschichte
Nur Treibhausfrucht des Witzes dünkt,
Die nicht ergriffen von dem Geistsgewichte
Und Federkraft so mancher Stelle niedersinkt,
Die nicht schon lang' zuvor, eh' Er sein Leiden
schliefset,
In hellen Thränen überfliefset,
Die bis zum letzten Schlag frei athmen kann,
Wer sieht die nicht mit Mitleid an?
Um die soll keine Lottenseele klagen,
Kein Wertherherz für sie im Leben schlagen —

So dacht' ich, als ich in des Jahres erster
Nacht,
Ganz hingerissen vom Erhabnen, Schönen

Der herz- und schreckerfüllten Scenen
In Werthers Leiden, alle Zaubermacht
Gewaltiger Natur beim Fortschritt der Geschichte
Tief in der Seele Innerstem empfand,
Als oft bei glühendem Gesichte
Das naſs geweinte Buch der Hand
Entfiel, als ich dem Herzen
Zur Mitempfindung seiner Schmerzen
Zu eng des Busens Wölbung fand,
Und meine gleich gestimmte Seele fühlte,
Wie sie mehr Stolz und mehr Erhabenheit
Von jeglichem Gedank' an Dich erhielte.

Ja, Doris, die Empfindsamkeit,
So ganz sich der Geliebten hinzugeben,
Wie Werther Lotten, solch Erbeben,
Wie er beim Anblick ihrer Engelsheiterkeit
Beim Mondlicht in der Laube fühlte, fühl' auch
       ich:
Für seiner Gluth unsterblichs Leben
Gab er mit kühner Wahl sein sterblich Leben;
Ich bring' der Tugend und der Leidenschaft für
       Dich
Ein minder rauschend Opfer — ohn' zu sterben,
Entsag' ich still dem Ruf mir alles zu erwerben,
Was Menschen reizt, und sterb' dem Leben lebend
       ab;

Das Tuch, das mir in sel'gen Zeiten
Mit Thränen still beträufelt deine Hand einst gab,
Soll mich ins mählerlose Grab,
Wie Lottens rosenfarbne Schleife ihn, beglei-
ten —

Doch, Doris, wird getrennt von Dir
Dein Seelenaug' sich nicht von mir,
So wie dein Blick von meinem Bild, entwöhnen?
Ach, stürb' die Liebe doch nie ganz in Dir,
Selbst wenn ich sterbe! — wie wird dann aus
sel'gen Scenen
Mein Geist, bis Du auch kommst, sich Dir ent-
gegen sehnen!

LXXXVIII.

Nach dem CXXX. Sonnet des Petrarca.

Amor, der du jeglichen Gedanken liesest,
Jeden Schritt siehst, den du gehn mich hiefsest,
Schaue durch des Herzens Tiefen, welche sich
Sonst für keinen öffnen als für dich.

Was ich dir zu folgen litte, weifst du,
Und doch klimmst du täglich höher, und doch
heifst du,
Ohn' auf mein Ermüden mitleidsvoll zu sehn,
Mich auf meiner Kraft zu steile Höh'n
Deinem Vorsprung nachzuklimmen.

In der Ferne seh' ich zwar das süfse Licht,
Dem der rauhe Pfad mich zuführt, glimmen,
Aber deine Götterflügel hab' ich nicht —

Doch ich habe deinen Göttermuth, und wäre
Nicht das Wagen edler Thaten auch schon Ehre,
Weh der Menschheit dann, und meinem Muthe weh,
Wenn ich der, für die ich leide, keine Zähre
Mehr um mich in schönen Augen zittern seh'!

LXXXIX.

Ganze Liebe, ganzer Stolz und ganze Freude,
Ganze Wonne, ganzer Wunsch und ganzer Gram
Meines Herzens, jetzt vielleicht in gleichem Leide
Tief versunken — welche Kluft liegt unwegsam
Zwischen uns, gleich der, die Kälte
Zwischen güldne Herbstes-Fruchtbarkeit
Und des Frühlings Blumen nur ohnlängst noch
     stellte —
 Doris, Doris, welcher Strahlen Heiterkeit
Wird je wieder diese Winterkluft erwärmen,
Und den Wangen, welche einsam blaſs sich härmen,
Neue Pfirschenröthe lächelnd überziehn?
Werden Scherze, die jetzt zitternd vor uns fliehn,
Wie der West die Gärten, wo ihm keine Rosen
     blühn,
Nie mehr gaukelnd uns umschwärmen?

 Ach, so weit mein Blick nur reicht, ist über-
    all
Keine Sonne, aber still, unüberschaulich
Eisgebirge, und die Thräne friert im Fall

Ueber eingewelkte Wangen unaufhaulich.
Menschenhaſs, dem Lachen schwacher Unsinn
dünkt,
Tobt in meinem Busen, Erdenglanz verachtend
Klopft er nur nach Einem Gute schmachtend,
Nur nach Einem; aber keine Thränenfluth er-
zwingt
Dieser Sehnsucht Stillung —
Ewig abgeschieden
Von der Quelle, welche sichern Himmelsfrieden
Ueber mich ergossen, flicht die Ruhe mich, ich sie.

Himmelseingeborne Liebe, flieh auch, flieh
Zum Olymp zurück, und werde
Schöpf'rinn einer neuen Erde,
Wo nicht Thorheit unter deiner Früchte Lieblich-
keit
Ihren Frevelsamen neidisch streut,
Wo nicht Kaltsinn sybarit'scher Tugend allen
Höhern Muth romantischleeres Heucheln nennt,
Und den Herzen, die für deine Schönheit wallen,
Lust und Kraft zum Sonnenfluge aberkennt.

XC.

Ohn' daſs dein Name hell in farb'gen Lampen
brennt,
Ohn' daſs das Ballbillet Dich eine Heil'ge nennt,†)
Glüht hell umsternt dein Name mir im Her-
zen,
Ruft Dich dieſs Herz als seine Heil'ge an,
Und heiſst den Freudentag ein Fest der Schmer-
zen,
Weil's ohne Dich nicht froh sein will, nicht
kann.

Entfernt von mir, im Schooſs der Deinen,
Lebst du jetzt Tage ohne Harm,
Kannst froh sein in der Schwester Arm,
Und sanft am Mutterbusen weinen:

*) Am Fest der H. Dorothea wurde in ihrem Na-
men ein Ball gegeben.

Ich gleich den Reben ohne Stab,
Kann mich um nichts vertraulich schlingen,
Muſs Heiterkeit im Aug' erzwingen,
Und Thränen, die Erleichterung nicht bringen,
Wischt nicht mehr Doris Hand, wisch' ich selbst
    heimlich ab.

Ach, Doris, wie miſstönend schallet
Der Freude Laut dem Ohr, wie dürstend wal-
    let
Das Herz, erwärmt von ungestillter Gluth,
Wie sucht's den Schooſs, wo es, vom Aug' der
    Charitinnen
Sanft angelächelt, sonst geruht,
Wie bebt es vor der Freude, die berauschten
    Sinnen
Des Momus Künste für Gesellschaftsglück
Verkauft, mit ekelm Schau'r zurück,
Sieht sich umher nach deinem Blick,
Wünscht sich an seinem Winke zu erfreuen,
Und suchet in den langen muntern Reihen
Nach der allein, die, wenn die muntein Reihen
Ihr kleiner Fuſs mit Schnelligkeit durchflog,
Wenn sie den schönen Arm, den Leib mit Gra-
    zie bog.

Auf sich allein sonst aller Augen zog,
Und sucht und sucht, und find't sie nicht,
Und find't dann nichts, das seines Grams Ge-
　　　　wicht
So sanft erleichtert, und der Sehnsucht so ent-
　　　　spricht,
Wie ihr ein Strahl vom sanften Licht
Des schönsten Aug's entsprechen, und des Kum-
　　　　mers Bürde
Ein Blick auf sie erleichtern würde.

XCI.

Wenn sich vor deinen Grazien galant
Einst Prinzen neigten, und entzückt von ihnen
Nach einem Kuſs auf deine weiſse Hand
Von deiner Wohlgestalt noch mehr bezaubert
schienen,
Dann achtete mein Herz, ganz sicher des Ge-
fühls
Des deinen, nicht des kleinen Zwischenspiels.

An seines Mädchens Arm, von ihren Küssen
Gestimmt zum schönsten Lenzgenüssen,
In einer Gegend rundum sonnig aufgehellt,
Wenn einem Wölkchen dann ein Regentropf'
entfällt
Und unverhofft auf Stirn und Busen fällt;
Schnell sehn dann beide auf — doch weil sie
rundum heiter,
Den Himmel und das kleine Wölkchen fliehen
sehn,

So

So wischen sie das Tröpfchen ab, und gehn
Ganz unbesorgt vor stärkerm Regen weiter —
   So sorglos sah ich auch einst Dir
Von allen Herzen Weihrauch streuen,
Und konnte mich an seinem Duft erfreuen.
Doch jetzt — ach Doris, weh, weh mir,
Jetzt läfst ein Tröpfchen Thau, am Morgen
Dem Laub entfallend, und der Wohlgeruch
Von fremdem Weihrauch mich gleich Flammen,
                Wolkenbruch
Und deiner Liebe Untergang besorgen!

XCII.

Das himmelbläuliche Gewand mit Sonnenglanz
Geflammt, ums Haupt den schönsten Kranz
Von Veilchen und von Hyacinthen-Embryonen,
Naht sich aus Hesperidenzonen
Der Lenz, die Aetherregionen
Erhellt sein Lächeln, füllt sein Hauch,
Die Wasser thauen auf, bald, bald wird auch
Die Erde sich in seine Farben kleiden,
Und jedes Elements Geschöpf von Freuden
Des Frühlings, den die Grazien
Und Amor sich zum Fest ersehn,
Allmächtig sich ergriffen fühlen.

   Alles, alles wird ihn fühlen;
   Zephyr, der den Blüthenspielen
   Lächelnd schon entgegen lauscht,
   Wird, vom ersten Mai berauscht,
   Kühn sein Recht bei Flora brauchen,
   Und den Busen blofs ihr hauchen;
   Dann wird sie erröthend glühn,
   Auf wird jeder Reiz dann blühn,

Und in Hainen und Gefilden
Wird nach ihr sich alles bilden.
Ja, ja, Natur, freu dich auf ihn,
Den Maiesschöpfer, laſs den Nebelschleier
Von seiner Hand zur höhern Feier
Der Rosenfeste ganz von deiner Stirne ziehn,
Laſs alle deines Schooſses Freudenkeime
Von ihm erwärmen, alle Träume
Der winternächt'gen Phantasie
Verscheuchen, Himmelswollust blüh'
Um dich umher, und ström' in alle Seelen
Entzücken, und stimm' sie zur Sympathie
Mit Brautgesängen froher Philomelen —
Auch mein Aug' wird ihn wieder blühen sehn —

 Doch wenn die Seele dann die Gaben wieder
    denken
Und missen wird, die seinen Reiz erhöh'n,
Wenn sie von alle den genossenen Geschenken
Des Frühlings Eins im ganzen Werth wird den-
    ken,
Wenn sie dieſs Eine nur sich wird zurück erflehn,
Und dann den Wunsch, deſs voll sie glühet,
Entfernt und endlich gar zernichten siehet — —

 An nördliches Gestad verbannt
Wagt sich der Kühne, um ein Land,

Das einst ihm lachte, wieder aufzufinden;
Die Sehnsucht nach des Morgenlandes Lenz
Hilft ihm der Schneegebirge Schrecken überwinden,
Und Wege nach des mildern Orients
Gestaden kühn durchs Eismeer auszufinden.
 Er sucht — doch plötzlich starrt das Meer
 Um seinen Nachen, und wenn er
 Sein Leben an ein wüstes Eiland rettet,
 Wo ohne Nachen, ohne Lenz,
 Im Herzen die Idee des Orients,
 Sein Schicksal ihn dann an den rauhen Boden
   kettet —
Ach Doris, kann ein Sterblicher
Unglücklicher dann sein wie Er?

XCIII.

Des Todes Bogen war furchtbar auf mich ge-
 spannt;
O warum ward von kunsterfahrner Hand
Sein Pfeil von mir doch abgewandt?
Was nützt der Wiederruf zu einem Leben,
Vor dessen Tagen Leib und Seele beben?
Die Schrecknisse des Gräberstaubs
Sind, beim Gedanken des grausamen Raubs
Der Liebe, wahrlich keine Schrecken.
Das Auge, das nicht mehr die sehen soll,
Für die das Herz nur lebt, sagt, wenn es: Lebe
 wohl
Ihr sagen muſs, auch gern zum Leben: Lebe
 wohl,
Läſst gerne sich mit Muttererde decken,
Verschmäht die Kunstversuche, blickt,
Wenn ihnen seine Rettung mühsam glückt,
Betrübt nach dem Gestrad' des Lethe,
Und wünschet, daſs ein Trunk aus seiner Fluth
Schnell die Erinnerungen tödte,

Die ihn — Doch nein, ich mag nicht unsrer Gluth
Erinnrung tödten: lieber trinke
Das Herz den Schmerzenskelch zehnmal
Für seine D o r i s , und versinke
Gemach in ruheloser Qual,
Bis nach Elysium, wo Freuden
Voll seligen Gefühls' kein Leiden,
Kein thränenreiches Lebewohl zerstört,
Die Seele, D o r i s , dich erwartend, überfährt.

XCIV.

Leb' wohl, Leb' wohl, die Seele bricht,
Indem dieſs Lebewohl der Mund tief athmend
spricht,
Indem mein ganzes Sein dem Schmerzgewicht
Der Schreckensworte unterlieget,
Und selbst der Hoffnung Gaukelspiel
Den Geist durch keine Aussicht trüget.

Ha! für ein Menschenherz zu viel,
Zu mächtig sind der Liebe Leiden,
Die nach dem Sonnenstrahl schuldloser Freuden
Den Horizont mir überall umziehn.
Gern säh' ich ihre Nacht entfliehn,
Wie gern möcht' ich dem Blitz entfliehn,
Der, wenn sein Strahl die finstre Luft durch-
fähret,
Die Schrecken sichtbar macht, und ihre Schauer
mehret!

O Du, die einst die Tugend selbst bestimmt
Ganz meiner Seele Liebesdurst zu stillen,
Für die das Herz in Thränen schwimmt,
Die aus des Lebewohls grausamer Wunde
quillen,
Du, die, wenn's tagt,
Die Seele klagt,
Nach der sie girrt,
Wenn's Abend wird,
Von der das Bild
Die Träume füllt,
Leb' wohl — Du sahst diefs Wort auf meinen
Lippen beben,
Auf Lippen, die die letzten Küsse Dir gegeben,
Sahst es im Auge, dem der Thränen Lindrungen
Des Kummers Grimm versagte, zitternd stehn,
Ganz hast Du meinen Schmerz gesehn;
Und deinem Herzen weh, wenn es nicht meins
verstand,
Wenn's nicht im Kufs, im Druck der Hand
Mehr als in aller Sprache fand.

Leb' wohl — mein Name sei tief in dein
Herz gegraben;
Sonst nirgend wünscht mein Staub ein Monument
zu haben.

Wenn einst mein Fuſs umher am Meergestade
schweift,
Und wie sein Sand mein Gram sich häuft,
Dann werd' ich ruhlos nach dem wilden Meere
blicken,
Und seiner Fluthen Unabsehbarkeit
Und seiner Stürme Schrecklichkeit
Wird, meiner Seele Leiden auszudrücken,
Mir Maſs und schwarze Bilder leih'n.

Leb' wohl — nach wenig Augenblicken
Athm' ich mit Dir nicht Eine Luft mehr ein;
In deiner Linden ersten Schatten
Wird sich nicht meine Hand mehr mit der deinen
gatten;
Die Veilchen werden wieder blüh'n
Und Rosen werden wieder glüh'n;
Doch ihre Erstlinge zu pflücken,
Mit Rosen Dir das Haar zu schmücken,
Mit Veilchen Dir den Busen zu bestreu'n,
Und Frühlingsküsse voll Entzücken
Der Hand, dem Haar und Busen aufzudrücken,
Das Heil wird mich nicht mehr erfreu'n.

Leb' wohl — wer weiſs sehn Dich je
meine Augen wieder,
Sieht gleich mein Geist Dich unaufhörlich wieder.

Im Sonnenstrahl,
Im Frühlingsthal,
Im Lilienglanz,
Im Veilchenkranz,
Im Rosenstrauch,
In Zephyrs Hauch,
In allem wirst Du mir erscheinen,
Und ich, vom heut'gen Lebewohl
Und Bildern vor'ger Zeiten voll,
Werd' Doris denken, sehen, lieben, und beweinen.

Zugabe.

Versbillet
an die
Frau Oberstinn von —

Die Mädchen vom Parnaſs, die so wie die auf
               Erden
Vom Ruhigsein und Aelterwerden
Nie herzliche Freundinnen sind,
So sehr beim Ruhigsein und Aelterwerden
Auch manches Gute Kraft gewinnt,
Die Mnemosynentöchter kamen,
Als ich im Lebensmai noch war,
Trotz des befrornen Zelts und aller Kriegsgefahr
Vertraulich mich besuchen, nahmen
Mit Koffé ohne Milch vorlieb,
Und halfen, wenn ich Verse schrieb,
Daſs nicht der Reim zu lang' mir in der Feder blieb;
Doch jetzt ist es nicht mehr beim Alten;
Die Dämchen sind wie umgekehrt,

Und sich an meinem Pult ein Stündchen aufzu-
   halten,
Scheint ihnen Zeit und Müh' nicht werth.
   Die bösen Mädchen — wenn's nicht Mädchen
      wären,
So schimpft' ich; doch wer Priester schimpft
Und über Mädchen nur die Nase spöttisch rümpft,
Nimmt, wie das Sprüchwort sagt, kein End' mit
      Ehren.
Also Geduld — Ich bin für sie zu alt,
Bleib' bei den Graziengesichtern,
Ihr Blick sei noch so mild, doch schüchtern,
Und bei der rauschenden Gewalt
Der Schönheit, wie bei Limonade, nüchtern;
Drum mögen andre, minder alt,
Sich jetzt um ihre Gunst bewerben.
Ohn' meine Augen mir beim Nachsehn zu ver-
      derben,
Behalt' ich sie doch lieb in Rücksicht vor'ger Zeit
Mit unverkürzter Herzlichkeit.
Was können sie dafür, daſs ich ein dutzend Jahre
Dem traurigen *Changeant* der grauen Haare
Und mancher Schwachheit näher bin?
Es bringt mir ja noch jetzt Gewinn,
Daſs sie vordem mir gut gewesen;
Denn ihrem Einfluſs hab' ich's Dank,

Wenn Lieder, die ich einsam sang,
Noch jetzt ein fühlend Herz und schöne Augen
lesen.
Die süsse Art und Kunst der jungen Herrn
Trieb ich als Jüngling schon nicht gern,
Und hatt' bei Damen oft drum weder Glück noch
Stern;
Was Wunder, wenn man mich, schon übers Le‑
bens Mitte,
Geneigter zu gestrenger ernster Sitte
Als zu *Douceurs*, nicht mehr so leicht
Von Engelschaften überzeugt,
Oft wetterlaunisch, oft auch bitter
Auf die für mich verkehrte Welt,
Wenn man mich so für einen traur'gen Ritter
Zum Dienst der Musen und der Damen hält?

Es kann naturgemäfs nicht immer Frühling
bleiben.
Der Blumenbeete Reiz vertreiben
Des Herbstes nahrungsreiche Früchte;
Und da mit Menschen es nicht anders ist,
So freu dich, Herz, dafs du viel froh gewesen bist,
Und dafs von deiner Lenzgeschichte
Die Versfragmente eine F r e u n d i n n liest,
Die Tugend mit Geschmack vereinigt,

Nicht gleich des Tändlers Kopf mit beiden Hän-
        den steinigt,
Die im verständ'gen Herzen lacht,
Wenn man viel schwatzt, viel Complimente macht,
Die mir's verzeiht, wenn ich stumm, wie beim
        hellen Tage
Ein Käuzlein in Ruinen, bin,
Und nicht das Mäntelchen mit Kammerherrensinn
Geschickt auf beiden Schultern trage —
So freu dich, Herz, wenn ihre weiſse Hand
Dieſs Bändchen *) nur durchblättert, hin und
        wieder
Ein Zeilchen anstreicht, und fürs beste meiner Lie-
        der
Mir einst ein Paar mit eigner Hand
Erschaffene Filetmanschetten schenkt.

„Doch warum just Filetmanschetten?"
Weil man bei des Filets weich seidnen Ketten,
Wie mir es scheint, am allergutsten denkt.

                Und

---

*) Da dieser und der folgende Zettel der Oberstinn nicht in geheim zugestellt zu sein scheinen, so muſs vom Verfasser noch eine Gedichtsammlung vorhanden sein, von der ich aber weder den Titel noch eine andre Nachricht zu erhalten im Stande gewesen.

Und dann das Herz weifs, wie der Zwirn gewaschen,
Geschäftiger als an den zarten Maschen,
Selbst gut, an guten Menschen hängt.

Doch ist ein Paar Filetmanschetten
Von ihrer Meisterhand nicht ein zu hoher Preis
Für solch ein Liederbuch? Ich würd' gewifs nicht wagen,
Ein solch Geschenk selbst vorzuschlagen;
Doch da die gnäd'ge Frau beim Kaufen, wie ich's weifs,
Oft übern Werth bezahlt, so wird sie bei Geschenken
Doch wohl noch weniger ans Sparen denken.

Memento

an eben dieselbe.

Im neuen Jahre soll man halten,
Was man versprochen hat im alten.

Weit mißlicher, wie ein Collateralvermächtniß
Ist wohl das menschliche Gedächtniß,
Und wer es nicht mit unverdroßnem Fleiß
Geschäftig zu erhalten weiß,
Kann mit der Zeit wohl ganz drum kommen.
Wie ein Magnet, der zehn Pfund Eisen trägt,
Wenn man sie ihm zu lange abgenommen,
Sich bald auf die kommode Seite legt,
Und dann ein Schlüsselchen kaum trägt,
So das Gedächtniß auch; und wie aus schlechtem
     Magen
Die ganze Schaar der Leibesplagen

Entspringt, so kommt, wenn's La Bruyere
Und Bonnet gleich nicht ganz ausdrücklich
sagen,
Der Seelenübel ganzes Heer
Von der Gedächtnifsschwäche her.
Hätt' Mutter Eva nicht vergessen,
Dafs ihr verboten war vom Apfelbaum zu
essen,
So hätte sie still unterm Baum gesessen,
Ohn' mit der Schlangenlist die ihrige zu messen.

Kurz, ich glaub' steif und fest, dafs wers
Gedächtnifsstärken
Theils aus Verseh'n, theils *à dessein* vergifst,
Dafs es mit dem in allem mifslich ist.

Sie, gnäd'ge Frau, die sonst auf alles mer-
ken,
Was Menschenkinder besser macht,
Und, was Sie reiflich überdacht,
Auch wirklich thun, Sie bitt' ich, wohl zu mer-
ken,
Dafs fleifsiges Gedächtnifsstärken
So unentbehrlich ist, wie manche Christenpflicht,
Von der und über die zehnhundert Lippen spre-
chen,

Und mystisch sich den Kopf zerbrechen,
Ohn' daſs das Herz wie Ihr Herz spricht:
„Ich lieb' die Tugend mehr aus Pflicht,
„Als weil sie Hoffnungen entspricht,
„Die gern das Herz sich macht, und suche ohne
Prahlen
„Die Lebensschuld ihr zu bezahlen."

Verbleiben Sie nun ja bei dieser Sittlich-
keit,
Und allen Tugenden, die in der neuen Zeit
Im Herzen junger Huldgöttinnen
So wenig, wie verstorbne Prinzessinnen
Im Hof- und Staatskalender, stehn,
So wortgeschmückt sie in Sophiens Reisen
stehn.

Die Tugend, freilich ist sie schön,
Und Seelen, die sie lieb gewinnen,
Sind nie ganz ohne Trost, weil eine andre
Welt
Für unbemerkte gute Thaten.
Sie reichlich, reichlich schadlos hält:
Allein ihr selbst zu gut muſs ich es rathen,
Zu denken auf Gedächtniſsunterhalt;
Denn wird es einmal schwach und alt,

O dann mein Compliment an alle schöne Thaten
Der Körper- und der Geisterwelt.

Ich, Gnädigste, dem nichts gefällt,
Was wie ein Flitterschuh bloſs in die Augen fällt,
Der auf den Siegwart gar nichts hält,
Dem zehnmal eh'r ein bittres Wort entfällt
Als ein galantes, und dem herrliche Grimassen,
Wenn dieser lacht und jene weint,
Das Herz, so gut es gut mit allem Guten meint,
Wahrhaftig nicht bei allen Zipfeln fassen,
Ich bin gewiſs zu sehr Ihr Freund,
Um Ihnen, da der Tag erscheint,
Wo alle, die sich lieben und sich hassen
Und etwas nur von Etikett' verstehn,
Mit Wünschen kurz und lang tyrolisieren gehn,
Um Ihnen nicht von Grund der Seelen
Die Sorge fürs Gedächtniſs zu empfehlen.
Nun würd' ich zwar anräthig sein,
Sie bänden, um den Rath nicht zu vergessen,
Ins Schnupftuch sich ein Knötchen ein;

Allein wie oft wird Tuch und Knoten nicht vergessen!
Zum Glück fällt mir ein viel probatres Mittel ein,
Und noch dazu der Jahrszeit angemessen.

Zu wissen, wenn man köstlich Haar verschneid't,
Gut wäscht, gedeihlich Saaten streut,
Und mancher Umstand mit und ohne Namen
Giebt jungen wirthschaftlichen Damen
Fast tägliche Gelegenheit,
Den Hauskalender nachzusehen.

Darf sich nun wohl in der Kalenderwechselzeit
Ihr Freund gehorsamst unterstehen,
Den Almanach dicht an das Hausrathsstück,
Das Damen mit dem ersten Morgenblick,
Die Mädchen wenigstens, sonst zu beehren pflegen,
Dicht an den Spiegel hinzulegen?
So oft Sie nun des Datums wegen

Ihn einzusehn genöthigt sind,
So wünsch' ich, daß Sie ihn niemals bei Seite legen,
Ohn' daß mein guter Rath nicht Segen
Für die Memorie gewinnt.

Vielleicht scheint's Ihnen aber sonderbar,
Daß ich beim Schluß vom alten Jahr
Nicht Ihren Wuchs, Ihr frei gelocktes Haar,
Und alle sittliche Geschenke,
Womit Natur, die mehr als alles rührt,
Und eigner Fleiß Ihr Herz und Köpfchen ausstafiert,
Mit einem Modewunsch fein nachbarlich beschenke,
Und bloß an das Gedächtnißstärken denke.

Was in der Welt geschieht, hat alles seinen Grund,
Das zweimal zwei macht vier so gut wie unsre Träume:
Mithin fehlt's auch an Grund nicht diesem Neujahrsreime.

Läſst Ihre Fingerchen der Himmel nur gesund,
Und kann Sie dieser Vers bewegen
Auf ein recht gut Gedächtniſs sich zu legen,
So ist Profit für Sie und mich dabei —
„Für mich wohl, Freund; allein was Sie dabei
„Nur irgend zu gewinnen hätten,
„Das seh ich nicht" — Ich aber sonnenklar;
Bekomm' ich dann im neuen Jahr
Nicht, was im alten mir schon fest versprechen
war,
Von Ihrer Hand das Paar Filetmanschetten?

www.ingramcontent.com/pod-product-compliance
Lightning Source LLC
Chambersburg PA
CBHW032135230426
43672CB00011B/2346